Hanen Shall

Étude de la compatibilité électromagnétique des systèmes électroniques

Hanen Shall

Étude de la compatibilité électromagnétique des systèmes électroniques

Émissions rayonnées et couplages électromagnétiques:caractérisation et modélisation

Presses Académiques Francophones

Imprint
Any brand names and product names mentioned in this book are subject to trademark, brand or patent protection and are trademarks or registered trademarks of their respective holders. The use of brand names, product names, common names, trade names, product descriptions etc. even without a particular marking in this work is in no way to be construed to mean that such names may be regarded as unrestricted in respect of trademark and brand protection legislation and could thus be used by anyone.

Cover image: www.ingimage.com

Publisher:
Presses Académiques Francophones
is a trademark of
International Book Market Service Ltd., member of OmniScriptum Publishing Group
17 Meldrum Street, Beau Bassin 71504, Mauritius

Printed at: see last page
ISBN: 978-3-8381-4311-8

Zugl. / Agréé par: Rouen, Université de Rouen, 2014

Résumé

Modélisation 3D des émissions rayonnées et étude des couplages entre composants et interconnexions

L'augmentation de la densité d'intégration dans les équipements électroniques et la cohabitation de l'électronique de puissance et de l'électronique de signal dans l'espace limité des systèmes électroniques engendrent des nouvelles contraintes de compatibilité électromagnétique (CEM). Cette thèse, effectuée au sein de l'IRSEEM, s'inscrit dans le cadre du projet E-CEM (Compatibilité ElectroMagnétique des systèmes d'Energie). L'objectif principal de ces travaux de recherche est le développement d'une approche de modélisation permettant une meilleure prédiction des interférences électromagnétique (IEMs) entre les éléments les plus perturbateurs d'une carte électronique et les interconnexions en champ proche. La méthodologie proposée est divisée en deux principales tâches: la modélisation des émissions rayonnées 3D et la prédiction du couplage électromagnétique (EM) entre les structures rayonnantes et les interconnexions (ou lignes de transmission) de types conducteurs au-dessus d'un plan de masse et lignes microrubans.
Le modèle d'émission rayonnée 3D est basé sur un réseau de sources équivalentes (dipôles électriques et magnétiques) distribuées sur les surfaces délimitant les dimensions géométriques du dispositif sous test (DST). Les paramètres de ces sources sont déterminés à partir des cartographies des composantes tangentielles du champ EM rayonné, issues soit d'une simulation EM soit d'une mesure champ proche.
Ce modèle 3D est ensuite utilisé pour la prédiction du couplage EM avec les lignes de transmission voisines. Pour ce faire, le modèle a été associé avec des formalismes de couplage analytiques (modèles de Taylor, Agrawal et Rachidi) pour prédire les tensions induites aux extrémités de la ligne victime. Cette procédure de modélisation, appliquée pour des cas de test (couplages EM entre

un « arceau 3D »/self torique et un conducteur au dessus d'un plan de masse), offre une meilleure précision pour la prédiction du couplage.

Ensuite, une nouvelle démarche de modélisation du couplage induit sur les lignes microrubans a été proposée. Cette dernière est principalement inspirée de la première approche. L'idée principale est suscitée du principe d'équivalence de la structure PCB pour s'affranchir du calcul lourd des coefficients associés aux réflexions successives à l'interface air/diélectrique. Les résultats de modélisation ont été validés par des simulations et des mesures champ proche.

<u>Mots clés</u> : *CEM, émission rayonnée, modélisation, sources équivalentes, mesure champ proche, couplage EM, conducteurs au-dessus d'un plan de masse, lignes microruban*

Abstract

3D Radiated emission modeling and study of coupling between components and interconnections

The large scale integration of embedded electronic equipments in the limited space of electric systems (electric vehicles) generates new constraints in terms of ectromagnetic compatibility (EMC). This thesis is performed in IRSEEM under the E-CEM Project (Electromagnetic Compatibility of Power Systems). Its main objective is the development of an accurate modeling approach for electromagnetic interferences (IEMs) prediction between distrurbing electronic components and interconnections in the near field region. The proposed methodology is divided into two main steps: 3D modeling of radiated emissions and prediction of electromagnetic coupling (EM) between radiating structures and transmission lines: wires above a ground plane and microstrip lines.

The 3D radiated emission model is based on a set of equivalent sources (electric and magnetic dipoles) distributed on the surfaces of a volume surrounding the geometrical dimensions of the device under test (DST). The dipoles parameters are calculated referring to the tangential cartographies of EM radiated field components, obtained from either an EM simulation or a near field measurement.

The 3D model is then used to predict the EM coupling onto transmission lines. In fact, this model is associated with analytical coupling formulations (Taylor, Agrawal and Rachidi models) to compute the induced voltages at the victim line terminals. This modeling procedure, applied to real test cases (EM coupling between a small arch above a ground plane/toroidal inductor and a wire over a ground plane), provides a much better accuracy for EMI prediction.

A novel modeling approach of EM coupling onto microstrip lines has been also proposed. This latter is mainly inspired from the first approach. The main idea is based on the microstrip line equivalence model to avoid the complex computation of the successive reflections and refractions in the two inhomogeneous regions: air region and substrate region. Comparison between modeled, numerical and measured results enables us to validate the proposed model.

Index Terms: *EMC, radiated emission, modeling, equivalent sources, near-field measurement, EM coupling, wires over a ground plane, PCB traces.*

Sommaire

Les systèmes électroniques embarqués sont exponentiellement intégrés dans plusieurs secteurs industriels, tel que : l'automobile, l'aéronautique, l'aérospatial, les télécommunications, etc...., afin d'accomplir des tâches bien spécifiques ce qui permet de garantir des performances de plus en plus améliorées et d'accroitre ainsi la compétitivité du produit final sur le marché. Cependant, l'augmentation de la densité d'intégration [1], la cohabitation de l'électronique de puissance (les modules de puissance, la connectique de puissance,...) avec l'électronique de signal (les calculateurs, les capteurs,...) dans un espace limité, ainsi que l'accession de ce qu'on appelle « tout électrique » (appariation des véhicules électriques ou/et hybrides pour le transport terrestre et/ou aérien) [2], engendrent des nouvelles contraintes de conception sur la compatibilité électromagnétique (CEM). Ces perturbations peuvent provenir de l'environnement propre du système (intra-système) ou de son environnement extérieur (inter-systèmes). Elles se propagent soit en mode conduit soit en mode rayonné. Ainsi, nous distinguons différentes disciplines dans l'étude de la CEM classifiées selon la nature du problème: émission conduite, immunité conduite, émission rayonnée et immunité rayonnée.

Par conséquent, la maitrise de la CEM devient un élément clé afin de réconcilier les problèmes d'intégration et d'évolution technologique ce qui permet de fournir au final un produit performant et fiable. Pour ce faire, les concepteurs des systèmes électroniques doivent être capables de prédire et d'identifier les éventuelles contraintes avant de passer à la phase d'industrialisation du produit final. En effet, il s'avère essentiel de comprendre et d'examiner le comportement électromagnétique (EM) de chaque dispositif formant le système complet afin de discerner toutes les interférences électromagnétiques (IEM) qui peuvent nuire à son fonctionnement. Ceci est d'une importante majeure pour présager toutes les protections nécessaires (électroniques ou autres) aux niveaux composants/systèmes et adopter ainsi une disposition optimale des équipements au sein de l'espace du système.

Pour estimer le niveau des perturbations émises par les systèmes sous test, la démarche expérimentale se révèle très coûteuse. En effet, elle nécessite la mise en œuvre de plusieurs prototypes que de postulats (ou idées) de « design », ce qui parait irréalisable vis-à-vis des délais de développement et de commercialisation. De la sorte, la réduction des coûts et des délais de conception nécessite le développement de logiciels de simulations électromagnétiques numériques ou des modèles analytiques permettant de caractériser le comportement réel des équipements sous test dans le but d'intégrer une optimisation CEM et multi-physique très tôt dans la conception du produit, sans recours bien évidemment à l'expérimentation.
C'est dans ce cadre que le projet E-CEM (Compatibilité ElectroMagnétique des systèmes d'Energie) a été défini sous le programme Véhicules pour les Transports Terrestres (VTT) [3]. Ce projet vise à réduire au maximum les contraintes CEM de certains éléments considérés comme les plus perturbateurs d'un système automobile (véhicule électrique ou hybride). Ceci peut être réalisable par le développement et l'association de sous-modèles pour créer à la fin un modèle global du système simulant les différentes IEMs. Cela permet de mettre à disposition auprès des concepteurs automobiles un outil pour la prédiction des perturbations conduites et/ou rayonnées dès les premières phases de « design ». C'est dans ce contexte que s'inscrivent mes travaux de recherche. En effet, ces derniers sont divisés en deux principales tâches ayant pour objectifs:

- La modélisation 3D des émissions rayonnées des dispositifs électroniques à partir des données de mesure champ proche / simulation électromagnétique : émission rayonnée.
- La prédiction du couplage électromagnétique entre les éléments rayonnants et les interconnexions en champ proche : immunité rayonnée.

Ces deux parties sont fortement dépendantes dans le sens où la deuxième tâche (prédiction du couplage EM) s'accomplie en se basant sur les résultats de la première (modélisation 3D des émissions rayonnées). Ceci est dans le but de développer une approche de modélisation complète et la plus simple possible pour une meilleure prédiction des IEMs. Pour réussir ces objectifs, nous avons adopté une démarche en quatre parties, reprise dans le plan des chapitres de ce manuscrit.

Dans le premier chapitre, nous abordons dans une première partie une introduction à la définition de la CEM et ses principaux acteurs. Nous présentons ensuite une étude bibliographique mettant en œuvre les différentes méthodes de modélisation des émissions rayonnées des composants/systèmes électroniques, tout en citant les points faibles et les apports de chaque approche. Nous présentons également un état de l'art sur les principales techniques permettant la prédiction du couplage entre les ondes électromagnétiques et les lignes de transmission (conducteurs au dessus d'un plan de masse et lignes microrubans). Etant donné les objectifs des travaux de recherche, il convient alors de sélectionner les modèles adéquats dont on peut s'inspirer pour le cas de notre étude.

Le deuxième chapitre est consacré à la description de la technique de caractérisation en champ proche. En effet, les données de mesure, représentées sous forme de matrices des champs EM rayonnés par le système sous test à des distances bien déterminées en coordonnées cartésiennes, sont utilisées pour la modélisation 3D des émissions rayonnées. La validation du modèle est aussi effectuée par comparaison avec les résultats de mesure. Pour cela, nous décrivons dans une première partie une introduction à la technique de mesure champ proche. Nous présentons ainsi le banc champ proche développé à l'IRSEEM ainsi que les sondes sensibles aux différentes composantes des champs électrique et magnétique. Ensuite, la méthode de calibrage de la chaine de mesure, qui permet de déterminer le champ EM rayonné à partir des tensions captées par les sondes, est exposée. Les résultats de calibrage pour quelques exemples de sondes de mesure à des fréquences de fonctionnement s'étalant de quelques MHz à une centaine de MHz, sont présentés. Dans la dernière partie, nous détaillons les différentes étapes permettant l'extension de la technique de mesure 2D pour mettre en place une nouvelle procédure de mesure automatisée permettant d'effectuer un scan 3D autour de la structure sous test. Ces données peuvent servir à la construction du modèle 3D détaillé dans le chapitre suivant.

Ainsi, dans le troisième chapitre, nous décrivons la méthodologie de modélisation et la description mathématique du modèle d'émission 3D. Le modèle proposé est un réseau de sources équivalentes (dipôles électriques et magnétiques) distribuées sur des surfaces entourant le système sous test et qui rayonnent le même champ EM que le dispositif à caractériser. La description mathématique du modèle, exprimée sous forme d'un problème matriciel inverse, est établie à partir des expressions des potentiels vecteurs électrique et magnétique. La détermination des paramètres de chaque dipôle (courant et orientations en élévation et en azimut) est effectuée à l'aide d'inversions de matrices au sens des moindres carrés. Dans la deuxième partie de ce chapitre, nous présentons des exemples d'application permettant la validation du modèle. Deux structures, ayant une forme géométrique 3D, ont été retenues comme des exemples d'illustration : un « arceau 3D » et une self torique. Le modèle est validé pour ces deux structures pour les fréquences 15 MHz et 30 MHz.

Le dernier chapitre est consacré à l'étude du couplage en champ proche entre des structures rayonnantes illuminant des interconnexions voisines par une onde EM non uniforme. Cette étude est basée principalement sur les résultats issus du chapitre III. En d'autres termes, les données d'entrée permettant la prédiction du couplage sont les composantes du champ EM rayonné dans l'espace entourant le dispositif sous test. L'approche globale de modélisation est complètement analytique. Nous utilisons ainsi les trois formalismes analytiques de couplage existants dans la littérature (modèles de Taylor, Agrawal et Rachidi) associés avec le modèle d'émission rayonnée 3D pour la détermination des tensions induites aux extrémités de la ligne de transmission victime. Dans une première partie, nous décrivons l'approche de modélisation proposée pour prédire le couplage des ondes EM avec des conducteurs au dessus d'un plan de masse. Dans une deuxième partie, nous présentons une nouvelle méthodologie qui permet de présager le couplage EM avec les lignes de circuits imprimés (PCB : « Printed Circuit Board ») d'une manière simple et rapide. Cette dernière est principalement inspirée de la première approche. L'idée de base s'articule autour de l'utilisation du principe d'équivalence de la structure PCB afin de s'affranchir du calcul lourd des coefficients associés aux réflexions successives à l'interface air/diélectrique. Pour les deux approches de modélisation, nous présentons des exemples d'application permettant la validation des procédures proposées en comparant les résultats issus de la modélisation avec les résultats des mesures et des simulations électromagnétiques.

Les conclusions sur les travaux réalisés et les perspectives des travaux à venir sont présentées en fin de ce mémoire.

Chapitre I :

Introduction aux techniques de modélisation CEM des structures électroniques

I. Introduction

Dans les domaines de l'automobile, l'aéronautique, l'aérospatial et des télécommunications, les systèmes électroniques embarqués ont connu, ces dernières années, une évolution remarquable grâce à une intégration poussée des nouveaux composants et cartes électroniques assurant des nouvelles fonctionnalités avec de meilleures performances (Figure 1) [1]. Cette intégration massive conduit de plus en plus vers une miniaturisation des systèmes électroniques afin de pouvoir cohabiter plus de composants et d'interconnexions dans un espace relativement limité par les dimensions du produit final [4].

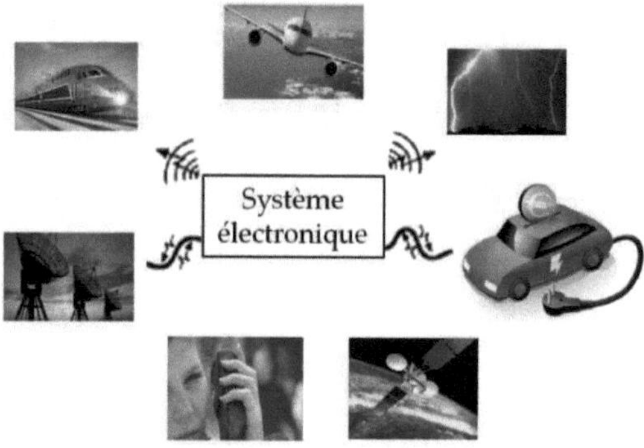

Figure 1 : Environnement CEM d'un système électronique

En revanche, le rapprochement entre les composants électroniques peut engendrer des problèmes d'IEMs qui peuvent devenir dommageables avec l'augmentation des fréquences de fonctionnement et des vitesses de commutation. Ce risque est de plus en plus important quand ces interférences se manifestent entre des composants perturbateurs et des composants victimes en mode(s) conduit ou/et rayonné. Par conséquent, disposer de circuits et de systèmes assurant un faible niveau d'émission et un niveau d'immunité élevé devient un vrai « challenge » pour les concepteurs des systèmes embarqués. Par exemple, les constructeurs automobiles doivent s'assurer du respect des normes automobiles [5], [6] limitant les émissions parasites des véhicules afin de garantir le bon fonctionnement de l'ensemble des sous-systèmes dans un environnement EM relativement pollué. Ceci permet, en phase finale, d'industrialiser des produits ayant un très bon niveau de compétitivité sur le marché.

La compatibilité électromagnétique (CEM) est une discipline qui permet de définir toutes ces problématiques et d'y répondre. Elle doit être prise en considération dès les premières phases de conception des équipements électroniques afin de réduire les coûts élevés des applications en réponse aux contraintes CEM et de garantir un produit fonctionnel sur le marché dans les meilleurs délais. Ainsi, il est nécessaire d'accorder une importance majeure à la modélisation CEM des composants électroniques afin de permettre la prédiction du comportement EM des systèmes complets et d'intégrer les solutions CEM avant la mise en fabrication.

Dans ce chapitre, nous abordons dans une première partie une introduction à la CEM : sa définition et ses principaux acteurs. Nous montrons ensuite les objectifs des travaux de la thèse et le projet de recherche dans lequel elle a été inscrite. Dans une deuxième partie, nous présentons un état de l'art des différentes méthodes de modélisation des émissions rayonnées des composants/systèmes électroniques. Enfin, nous exposons une étude bibliographique mettant en œuvre les principales techniques de modélisation des couplages ondes électromagnétiques-lignes de transmission.

II. La compatibilité électromagnétique

1. Définition de la CEM

La compatibilité électromagnétique a été définie selon la norme CEI 61000 du CSPIR [7] :

« L'aptitude d'un appareil ou d'un système à fonctionner de façon satisfaisante dans son environnement électromagnétique, et sans produire lui-même des perturbations électromagnétiques intolérables pour tout ce qui se trouve dans cet environnement »

En se référant à cette définition, trois acteurs sont à définir :

- La source de perturbation
- La victime
- Le chemin de couplage

La Figure 2 illustre ces trois éléments.

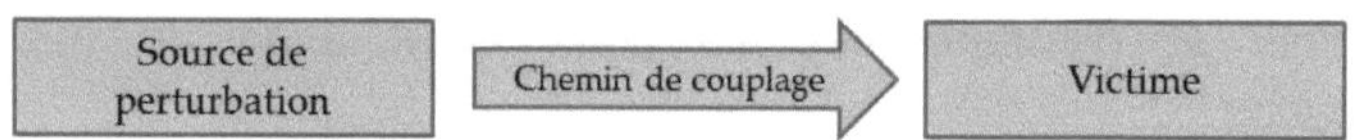

Figure 2 : Les acteurs de la CEM

Une source de perturbation est celle qui génère des signaux non désirés, en mode(s) conduit ou/et rayonné, capables d'engendrer des troubles de fonctionnement dans son environnement proche. Elle peut être elle-même victime selon l'environnement EM où elle se trouve.

Nous pouvons distinguer, en se référant toujours à la même définition, deux aspects fondamentaux distincts et qui peuvent être dans quelques situations très dépendants :

- **L'émission électromagnétique**: dans ce cas, le composant/système sous test (CST/SST) est l'élément perturbateur. Le CST/SST génère des perturbations en mode(s) conduit ou/et rayonné ce qui peut nuire aux fonctionnements des autres composants/systèmes voisins [8], [9].
- **L'immunité aux perturbations électromagnétiques**: dans ce cas, le CST/SST est l'élément victime. Le composant/système doit donc pouvoir fonctionner de façon satisfaisante dans l'environnement caractérisé par la présence d'une perturbation en mode(s) conduit ou/et rayonné [9]-[12].

La décharge électrostatique est un autre aspect à prendre en compte lorsqu'il s'agit d'étudier la CEM des composants électroniques. Ce phénomène se produit lorsqu'il existe un champ électrique très important, dû à une charge accumulée sur un corps isolant et qui dépasse le seuil du champ disruptif dans l'environnement considéré [13]. Cette décharge peut se coupler avec les circuits électroniques par conduction directe, couplage inductif, couplage capacitif ou par rayonnement. La Figure 3 résume les différents aspects de la CEM.

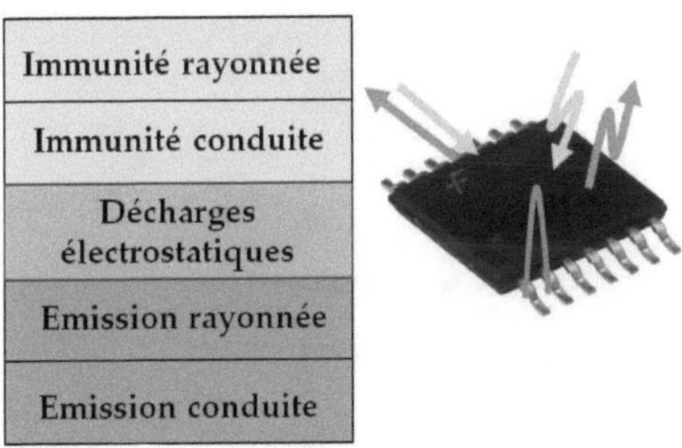

Figure 3 : Les différents aspects de la CEM

2. Différents modes de couplage

Les couplages sont les voies de propagation qui déclenchent et facilitent le passage des perturbations de la source vers la victime (Figure 2). Les modes de couplages peuvent être classés en deux grandes familles : couplage en mode conduit et couplage en mode rayonné [14], [15].

A. Couplage en mode conduit

Ce type de couplage apparait quand il existe une liaison physique entre la source de perturbation et la victime.

a. *Couplage par impédance commune*

Pour ce cas, le système électrique lié à la source de perturbation partage une impédance commune (Z_1, Z_2 et Z_3 de la Figure 4) avec le système électrique lié à la victime. Cette impédance prend naissance du fait que les conducteurs ne sont pas parfaits et présentent des éléments parasites. Le courant qui circule dans ces conducteurs crée alors une différence de potentiel (DDP) parasite pour l'élément perturbateur ainsi que pour la victime [14].

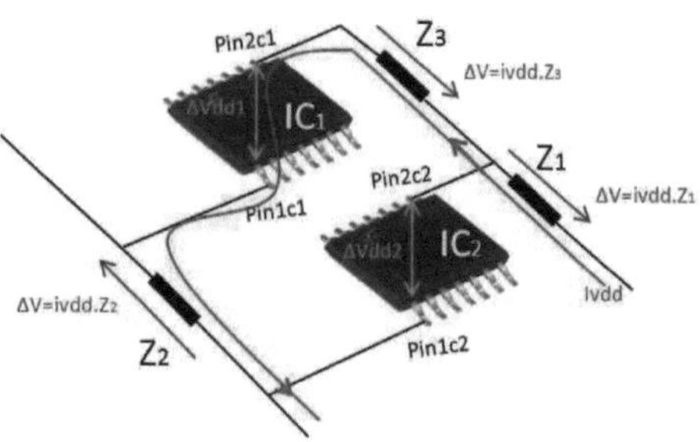

Figure 4 : Couplage par impédance commune entre deux circuits intégrés

b. Couplage carte à « châssis »

Comme son nom l'indique, ce type de couplage provient du fait que la carte électronique soit rapprochée de parois métalliques (« châssis »). En effet, les pistes, les plans de masses ainsi que les prises d'alimentation de ces cartes présentent des capacités parasites C_p avec les autres parties métalliques en périphérie. Ces capacités sont proportionnelles à la surface des conducteurs et créent des courants de fuite et par conséquent des DDPs parasites [14].

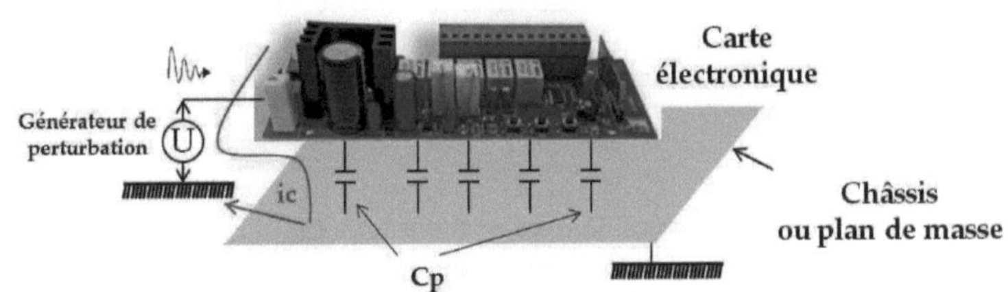

Figure 5 : Couplage carte à « châssis »

B. Couplage en mode rayonné

Pour ce type de couplage, la perturbation EM se propage par rayonnement. Pour ce mode, il existe deux types de couplage appelés respectivement : couplage en champ proche (CP) et couplage en champ lointain (CL) [14]. Avant de décrire ces deux couplages, nous présentons dans un premier temps un petit rappel sur les limites physiques des zones CP et CL.

a. Définition des limites des zones champ proche et champ lointain

Afin de définir les limites physiques des zones CP et CL, nous nous basons sur l'évolution de l'impédance de l'onde EM en fonction de la distance qui sépare la source de rayonnement et le point d'observation à partir duquel on cherche à étudier le champ rayonné. Les dipôles électriques (brins électriques) et les dipôles magnétiques (boucles magnétiques) sont les éléments de base des modèles de sources de rayonnement. Ces modèles constituent le socle de tous les phénomènes que nous pouvons rencontrer en CEM rayonnée (Figure 6) [16].

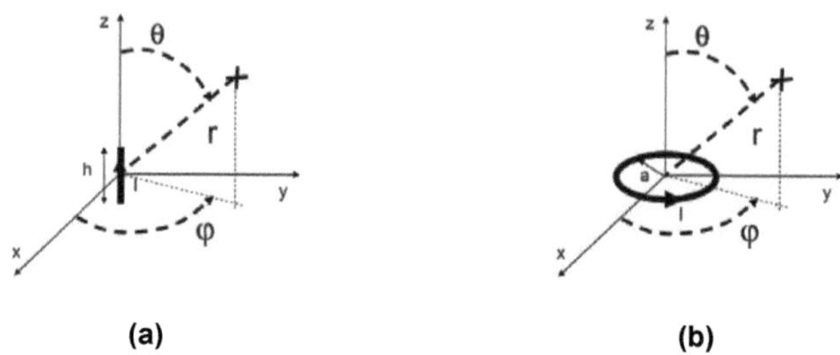

(a)   (b)

Figure 6 : Les sources de rayonnement élémentaires (a) Dipôle Electrique (b) Dipôle magnétique [16]

Les composantes sphériques des champs électriques (E) et magnétiques (H) rayonnés par ces dipôles sont données par les expressions détaillées dans [16]. L'impédance d'onde est définie comme étant le rapport entre les composantes transversales électriques et magnétiques rayonnées par la même source. En effet, elle est exprimée dans (I. 1) pour le cas d'un dipôle électrique et dans (I. 2) pour le cas d'un dipôle magnétique.

$$Z_E = \frac{E_\theta}{H_\varphi} \tag{I. 1}$$

$$Z_H = \frac{E_\varphi}{H_\theta} \tag{I. 2}$$

L'évolution de ces grandeurs en fonction de la distance d'observation D est présentée sur la Figure 7. Cette courbe nous permet de définir deux zones distinctes :

- <u>Une zone de champ proche ($D<\lambda/2\pi$)</u> : Dans cette zone, le champ électrique et magnétique rayonnés sont indépendants l'un de l'autre. L'origine du champ rayonné dépend de la nature de la source qui lui a donné naissance. En effet, la boucle magnétique fournit essentiellement un champ magnétique et de la même façon un dipôle électrique fournit principalement un champ électrique.

- <u>Une zone de champ lointain dite aussi de Fraunhofer ($D>\lambda/2\pi$)</u> : Dans cette zone, la notion de séparation entre le comportement purement électrique et le comportement purement magnétique n'est plus valable. En effet, les deux champs sont reliés par l'impédance de l'onde dans le vide appelée Z_0.

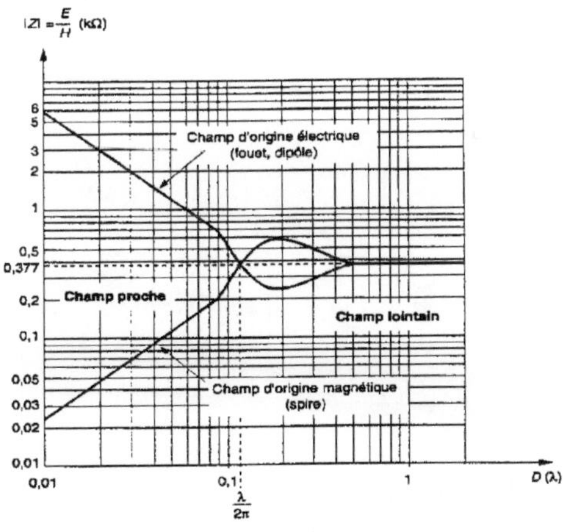

Figure 7 : Evolution des impédances d'onde (des dipôles électriques et magnétiques) en fonction de la distance d'observation D [16]

Après ce petit rappel sur les limites physiques des zones CP/CL, nous présentons les deux principaux modes de couplage en émissions rayonnées: couplage en CP et couplage en CL.

b. Couplage en champ proche

Pour ce type de couplage, la source et la victime sont suffisamment proches l'une de l'autre pour pouvoir échanger de l'énergie EM par rayonnement. Ces interférences mutuelles sont appelées couplage par diaphonie inductive ou capacitive (Figure 8).

- <u>Couplage par diaphonie capacitive</u> : La présence d'une DDP variable entre deux structures voisines donne naissance à un champ électrique variable qui à son tour injecte un courant dans une capacité parasite C_{1-2} qui apparait entre ces deux structures proches [14].
- <u>Couplage par diaphonie inductive</u> : Un courant I circulant dans un conducteur génère un champ magnétique autour de celui-ci. Ce champ, une fois qu'il est variable, induit un courant dans le circuit voisin qui se résume à une inductance mutuelle M_{1-2} entre les deux objets voisins [14].

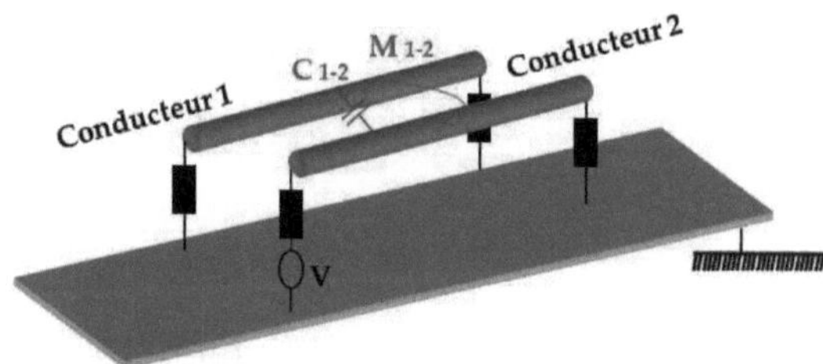

Figure 8 : Couplages par diaphonie capacitive et inductive

c. *Couplage en champ lointain*

Pour ce cas de couplage, on ne parle plus de notion de perturbation mutuelle du fait que la source et la victime sont suffisamment éloignées l'une de l'autre (zone de CL). Ainsi, le transfert de l'énergie EM se fait de façon unidirectionnelle de la source de perturbation au circuit victime. On peut distinguer deux couplages en champ lointain :

- <u>Couplage champ à fil</u> : Un champ électrique illuminant un conducteur de longueur L, crée un courant circulant dans ce fil conducteur (Figure 9). Le courant collecté est fonction de l'intensité du champ électrique et de la longueur L.

Figure 9 : Couplage champ à fil

- <u>Couplage champ à boucle</u> : Un champ magnétique illuminant une boucle conductrice crée un flux magnétique variable qui induit à son tour une DDP aux bornes de cette boucle (Figure 10). Cette tension est fonction de la surface de la boucle et de l'intensité du champ magnétique incident.

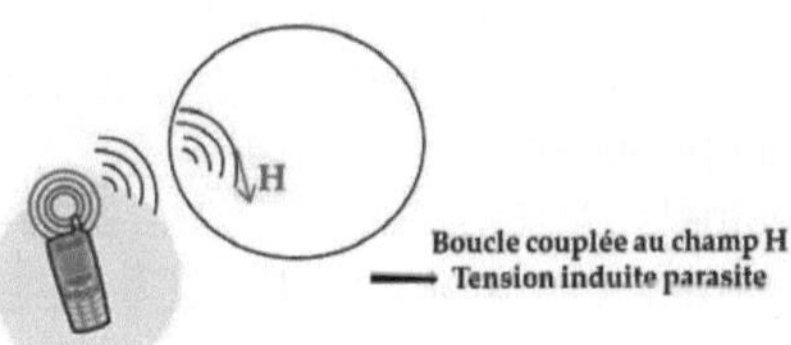

Figure 10 : Exemple de couplage champ à boucle

La Figure 11 résume les différents types de couplages précédemment décrits.

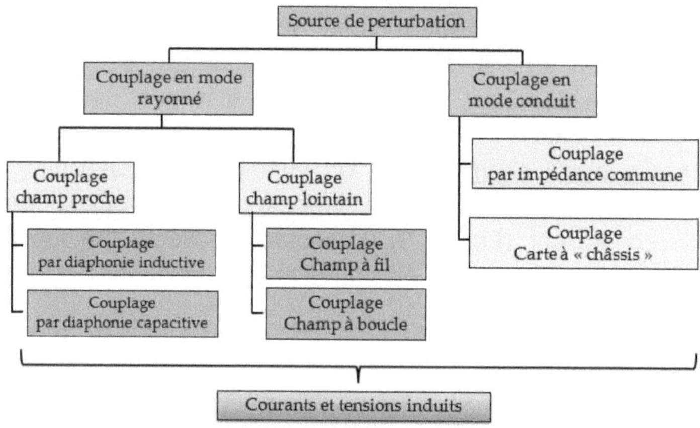

Figure 11 : Bilan des différents types de couplages

3. Contexte des travaux de la thèse

A. Projet E-CEM

Les travaux de la thèse s'inscrivent dans le cadre du projet E-CEM : « Compatibilité ElectroMagnétique des systèmes d'Energie » lancé en 2011 sur une durée de trois ans. Il rentre dans le contexte du programme VTT (Véhicule pour les Transports Terrestres) [17].
Les partenaires du projet sont :
- Des industriels : Valeo, RENAULT et CEDRAT.
- Des académiques : Ampère, IRSEEM, G2ELAB et SATIE.

Le projet E-CEM couvre plusieurs aspects liés à la CEM des systèmes embarqués dans le domaine de l'automobile. En effet, la cohabitation entre les systèmes de l'électronique de puissance (systèmes de conversion d'énergie) avec ceux de l'électronique de signal (commandes, capteurs ou interconnexions associées,...)

dans un véhicule impose des contraintes de plus en plus sévères vis-à-vis de la CEM du système complet. Ainsi, les constructeurs automobiles doivent s'assurer du respect des normes CEM (émissions parasites et immunités aux perturbations EM) pour garantir le bon fonctionnement de l'ensemble des équipements dans un environnement EM relativement pollué. Pour réussir ce « challenge », la phase de conception doit être régie par une optimisation au niveau système d'un point de vue CEM. D'où la nécessité de disposer de modèles pour prédire le comportement EM des sous-systèmes afin de les :

- Intégrer dans des outils de simulation système.
- Interfacer avec d'autres outils de calcul pour réussir une optimisation multi-physique.

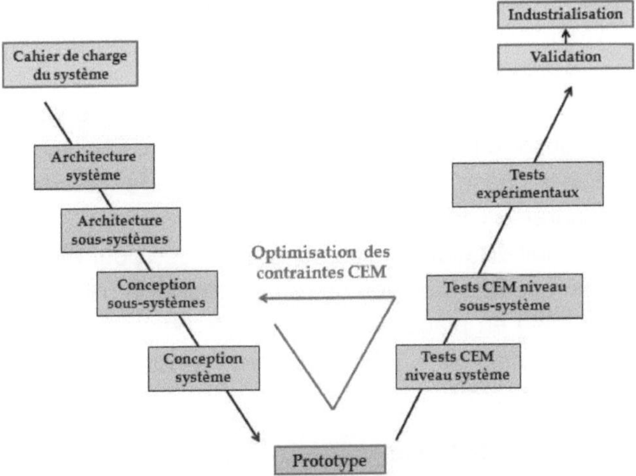

Figure 12 : Processus d'optimisation système

La Figure 12 présente le processus d'optimisation système, sous la forme d'un cycle en « V », inspiré du document [17]. En effet, à partir d'une spécification de type cahier des charges d'un véhicule, les concepteurs automobiles doivent être capables de démarrer le processus par une phase de pré-dimensionnement (modélisation) des contraintes CEM des différents sous-systèmes afin de les intégrer dans le « design » du système global. Par la suite, une phase de validation virtuelle du système complet et des sous-systèmes vient exploiter les modèles déjà développés en vue d'une phase d'optimisation CEM. Cette optimisation permet de réduire au maximum les contraintes déjà pré-dimensionnées des sous-systèmes et les autres contraintes qui apparaissent après avoir intégrer l'ensemble des équipements dans le système complet. En résumé, le projet E-CEM couvre les principaux besoins des différents acteurs en matière d'investigation en CEM à l'échelle du système automobile [17], à savoir :

- La prédiction des émissions conduites et rayonnées à l'échelle du prototype virtuel par le développement des modèles CEM.
- La conception virtuelle à l'échelle du système complet avec la prise en compte des contraintes CEM accompagnée d'une phase d'optimisation croisée de la solution pour assurer la CEM du système complet.
- La capitalisation de ces connaissances pour l'intégration de ces modèles dans les outils de simulation numérique.
- La mise en place des moyens de mesure et des bancs de caractérisation CEM pour assurer la validation expérimentale.

B. Objectifs de la thèse

Le projet E-CEM comporte six tâches à accomplir par les différents partenaires de façon individuelle et/ou collaborative. Les travaux de cette contribution scientifique sont articulés principalement autour des deux tâches suivantes [17] :

a. *La modélisation en mode rayonné des composants complexes*

Cette tâche traite la modélisation en mode rayonné des composants complexes. Il s'agit de développer des modèles champ proche 3D basés sur des sources équivalentes afin de prédire le rayonnement EM dans l'espace entourant le dispositif sous test (DST).

Cette modélisation est d'une importance majeure vu la complexité des structures électroniques intégrées dans les systèmes de conversion d'énergie et qui présentent des disparités importantes dans leurs formes géométriques 3D. Elle permet aussi de réaliser un gain important sur le temps de calcul du rayonnement EM lorsque les simulations numériques 3D deviennent trop lourdes et gourmandes en termes de ressources informatiques.

En résumé, les principaux objectifs de cette tâche sont :

- Le développement d'une technique de modélisation optimisée des émissions rayonnées 3D des composants électroniques.
- La mise en place d'une méthode de mesure 3D par un scan avec le banc champ proche.

b. *La prédiction du couplage entre les éléments rayonnants et les interconnexions en champ proche*

Cette tâche vise principalement la prédiction du couplage en champ proche entre les éléments rayonnants (composants électroniques perturbateurs) et les interconnexions voisines. Les interconnexions sont des lignes de transmission qui peuvent être des conducteurs au dessus d'un plan de masse ou des lignes microrubans.

Il s'agit ici d'associer les modèles des émissions rayonnées, issus de la tâche-(a), avec des modèles de couplage analytiques afin de prédire les IEMs entre les éléments rayonnants d'une carte électronique et les interconnexions en champ proche. Ce concept permet d'avoir une approche assez simple et rapide.

En résumé, l'objectif principal de cette tâche est la prédiction du couplage EM par des méthodes analytiques qui prennent en considération les impédances des composants intégrés dans les cartes électroniques sous test ainsi que les caractéristiques électriques des lignes de transmission (les PCBs et les conducteurs au-dessus d'un plan de masse).

Ainsi l'état de l'art sera consacré aux différents modèles permettant de prédire les émissions rayonnées des composants électroniques et aux phénomènes de couplage EM entre les structures rayonnantes et les interconnexions.

III. Modélisation des émissions rayonnées des composants/systèmes électroniques

Plusieurs travaux de recherche ont été menés pour développer des moyens permettant la modélisation des émissions rayonnées des systèmes électroniques. Ces modèles permettent de prédire le niveau de rayonnement EM pouvant affecter les équipements avoisinant le CST.

Ces modèles peuvent être classés, selon la nature de leurs fondements de base, en deux grandes familles :
- Modèles de sources équivalentes.
- Modèles basés sur le spectre d'onde plane (modèles mathématiques).

Dans ce qui suit, nous allons exposer des exemples de modèles d'émissions rayonnées issus de la littérature tout en expliquant leurs procédures d'obtention et en donnant des cas d'applications réelles.

1. Modèles de sources équivalentes

Ces modèles sont génériques et permettent de représenter le dispositif sous test (DST) par un réseau de sources équivalentes (Figure 13). Ces dernières peuvent être des dipôles (électriques ou magnétiques) ou des densités de courant (aussi électriques ou magnétiques). Une bonne détermination de leurs paramètres (nombre, positions, orientations ainsi que leurs courants) permet d'obtenir le même rayonnement EM que le DST. Ces paramètres peuvent être déterminés en se référant à l'architecture du DST ou directement à partir des cartographies du champ rayonné, issues soit des outils de simulation électromagnétique (dans le cas des circuits passifs), soit d'une mesure champ proche.

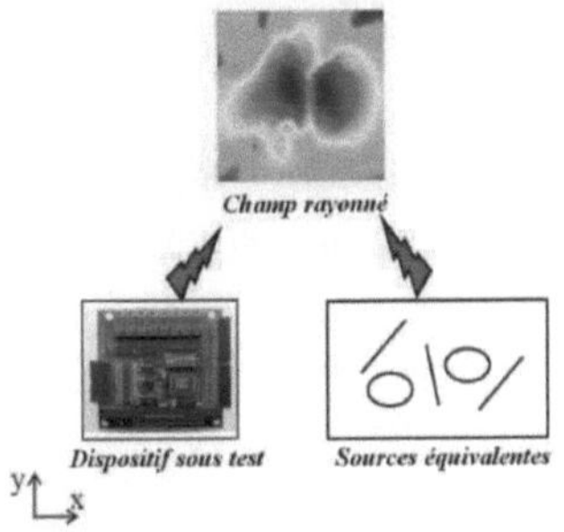

Figure 13 : Dispositif sous test modélisé par des sources equivalentes

Le DST est alors considéré comme étant une « boite noire », ce qui permet d'appliquer cette approche de modélisation (sources équivalentes) pour les deux cas de circuits actifs ou passifs.

A. Modèles basés sur des dipôles électriques [18]

L'approche de modélisation consiste à remplacer le DST par un nombre significatif de dipôles électriques distribués sur un plan « xy » et qui rayonnent le même champ que le DST comme le montre la Figure 14.

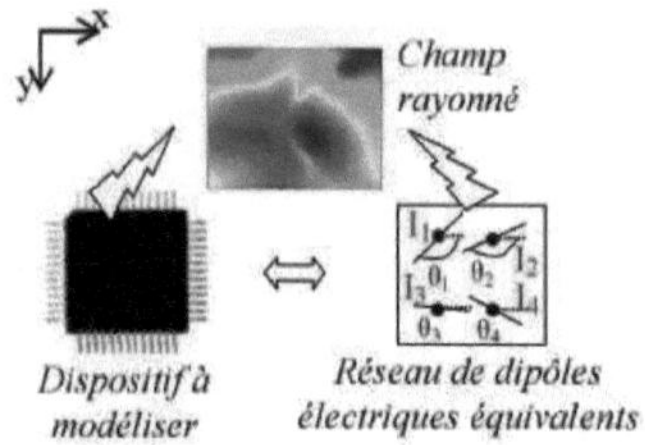

Figure 14 : Principe du modéle basé sur des dipôles electriques [18]

Selon l'approche de modélisation adoptée, l'utilisation de ces dipôles électriques permet de prédire soit le rayonnement magnétique ou électromagnétique du DST.

- <u>Prédiction du champ magnétique ([18], [20] et [21])</u>

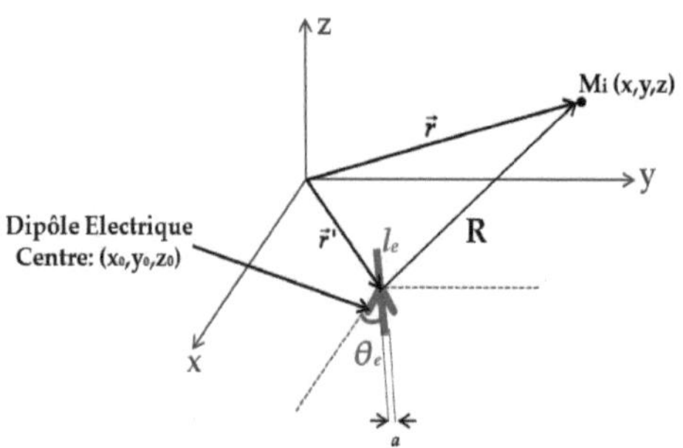

Figure 15 : Elément de courant électrique infinitésimal

Chaque dipôle électrique (ou élément de courant électrique infinitésimal) est caractérisé par une orientation θ_e, un courant I_e, une longueur l_e et une largeur a très négligeables par rapport à la longueur d'onde λ ($a \ll \lambda$; $l_e \ll \lambda$) ce qui permet de considérer le courant I_e comme étant constant tout au long de l_e. La Figure 15 présente un élément de courant électrique infinitésimal avec ses différents paramètres. L'équation (I. 3) du potentiel vecteur $\vec{A}$ permet de relier tous ces paramètres.

$$\vec{A}(x,y,z) = \frac{\mu I_e l_e}{4\pi R} e^{-jkR} \left(I_e \cos\theta_e \, \vec{a_x} + I_e \sin\theta_e \, \vec{a_y} \right) \qquad (\text{I. }3)$$

avec :

- μ : perméabilité du milieu

- k : nombre d'onde ; $k = \dfrac{2\pi}{\lambda}$

- R : est la distance entre un point d'observation $M(x,y,z)$ et les coordonnés du dipôle électrique (x_0, y_0, z_0) ;

$$R = \sqrt{(x-x_0)^2 + (y-y_0)^2 + (z-z_0)^2}$$

Ainsi, les composantes du champ magnétique rayonné peuvent être calculées en fonction de $\vec{A}$ [19]. Ces différentes composantes sont exprimées dans (I. 4), (I. 5) et (I. 6).

$$H_x = \frac{I_e l_e}{4\pi R^3} e^{-jkR} \left(1 + jkR \right)\left(z - z_0 \right) sin(\theta_e) \qquad (\text{I. }4)$$

$$H_y = -\frac{I_e l_e}{4\pi R^3} e^{-jkR} \left(1 + jkR \right)\left(z - z_0 \right) cos(\theta_e) \qquad (\text{I. }5)$$

$$H_z = -\frac{I_e l_e}{4\pi R^3} e^{-jkR} \left(1 + jkR \right)\left[(x - x_0) sin(\theta_e) - (y - y_0) cos(\theta_e) \right] \qquad (\text{I. }6)$$

Le champ total rayonné en un point M de l'espace est la contribution des rayonnements de tous les dipôles retenus dans le modèle. Il est obtenu en faisant la somme des champs rayonnés par chacun de ces sources. Par conséquent, la description mathématique du modèle peut être résumée sous la forme matricielle suivante (équation (I. 7)).

$$\begin{pmatrix} [H_x] \\ [H_y] \end{pmatrix}_{m\times 1} = [\alpha]_{m\times p} \begin{pmatrix} [I_e \, sin\theta_e] \\ [I_e \, cos\theta_e] \end{pmatrix}_{p\times 1} \qquad (\text{I. }7)$$

- [α] est une matrice dont ses éléments sont en fonction des paramètres fixes du modèle (nombre, position, longueur et fréquence de fonctionnement).
- H_x et H_y sont les cartographies, d'amplitude et de phase, des composantes tangentielles du champ magnétique rayonné dans un plan parallèle au DST.
- m est deux fois le nombre de points de mesure où les champs rayonnés sont évalués.
- p est deux fois le nombre de dipôles retenus pour la modélisation.

Pour obtenir les orientations des dipôles, une inversion de la matrice [α] au sens des moindres carrés est effectuée (équation (I. 8)).

$$\left(\begin{bmatrix} H_x \\ H_y \end{bmatrix}\right)[\alpha]^{-1} = \left(\begin{bmatrix} I_e\,sin\,\theta_e \\ I_e\,cos\,\theta_e \end{bmatrix}\right) = \left(\begin{bmatrix} A \\ B \end{bmatrix}\right) = [X] \qquad \text{(I. 8)}$$

La détermination des orientations se fait par division élément par élément, entre les éléments du même rang, des sous matrices [A] et [B] de [X] comme présentée dans (I. 9).

$$\theta_i = \arctan\left(\frac{r\acute{e}el(A_i)}{r\acute{e}el(B_i)}\right) \qquad \text{(I. 9)}$$

Une fois que les orientations sont calculées, une nouvelle matrice [β] peut être définie (équation (I. 10)). Cette dernière contient les orientations déjà prédéterminées et les éléments prédéfinis de la matrice [α].

$$\left(\begin{bmatrix} H_x \\ H_y \end{bmatrix}\right)_{m\times 1} = [\beta]_{m\times(p/2)}[I_e]_{(p/2)\times 1} \qquad \text{(I. 10)}$$

La même méthodologie d'inversion au sens des moindres carrés et de division élément par élément est suivie pour la détermination des courants qui parcourent les dipôles.

La validation de ce modèle a été effectuée par simulation du rayonnement de ses dipôles à des distances plus élevées que celle retenue pour la construction du modèle. Cette approche a été appliquée pour modéliser le rayonnement de quelques circuits actifs (microcontrôleur opérant à la fréquence 28 MHz) et passifs (diviseur de Wilkinson à la fréquence 1 GHz) [18], [20].

Pour faciliter l'insertion de ce modèle dans des outils de simulation électromagnétique, la réduction du nombre des dipôles s'avère importante. Pour ce faire, une nouvelle approche, basée sur un algorithme d'optimisation et de traitement d'image, a été proposée [18]. En effet, le traitement d'image, basé sur la technique de squelettisation, est utilisé dans une première étape pour déterminer et sélectionner le nombre de dipôles nécessaires pour construire le modèle. Par ailleurs, l'algorithme d'optimisation est servi en deuxième étape pour déterminer les paramètres de ces dipôles équivalents. Pour cette nouvelle approche, chaque dipôle est caractérisé par les paramètres suivants: positions de ses extrémités { (x_1, y_1, z_1) et (x_2, y_2, z_2) }, son courant complexe { $I_0 = I_1 + jI_2$ }, sa longueur ainsi que son orientation [18], [21]. La démarche de modélisation est illustrée dans la Figure 16.

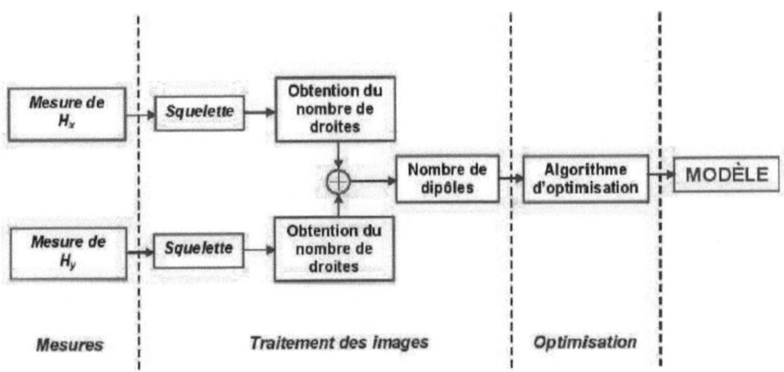

Figure 16 : Démarche de modélisation [18]

Les composantes H_x et H_y représentent les entrées de base de ce modèle. Il faut savoir que les maximas des composantes tangentielles du champ magnétique sont localisés juste au dessus du dipôle électrique élémentaire. Par conséquent, à l'aide d'un traitement des cartographies de H_x et H_y rayonnées par une structure quelconque, un dipôle électrique est placé par maxima de champ.

Par la suite, les paramètres des dipôles sont déterminés par un algorithme d'optimisation de type Levenberg-Marquardt [22], [23] qui utilise une procédure itérative permettant de minimiser une fonction objective et donc l'erreur sur les parties réelles et imaginaires des champs mesurés et modélisés. Cette fonction est exprimée en (I.11).

$$F_{erreur} = \sum_{i=1}^{m} \left| H_{mesu}(M_i) - H_{mod}(M_i) \right|^2 = \sum_{i=1}^{n} \left(\begin{array}{l} \dfrac{1}{\alpha} \left| \Re e\!\left(H_{x,mesu}(M_i)\right) - \Re e\!\left(H_{x,mod}(M_i)\right) \right|^2 \\[2mm] + \dfrac{1}{\beta} \left| \Im m\!\left(H_{x,mesu}(M_i)\right) - \Im m\!\left(H_{x,mod}(M_i)\right) \right|^2 \\[2mm] + \dfrac{1}{\gamma} \left| \Re e\!\left(H_{y,mesu}(M_i)\right) - \Re e\!\left(H_{y,mod}(M_i)\right) \right|^2 \\[2mm] + \dfrac{1}{\delta} \left| \Im m\!\left(H_{y,mesu}(M_i)\right) - \Im m\!\left(H_{y,mod}(M_i)\right) \right|^2 \end{array} \right) \qquad (I.11)$$

où α, β, γ et δ sont des facteurs de pondérations exprimés en (I. 12), (I. 13), (I. 14) et (I. 15):

$$\alpha = \sum_{i=1}^{m} \left| \Re e\!\left(H_{x,mesu}(M_i)\right) \right|^2 \qquad (I.\,12)$$

$$\beta = \sum_{i=1}^{m} \left| \Im m\!\left(H_{x,mesu}(M_i)\right) \right|^2 \qquad (I.\,13)$$

$$\gamma = \sum_{i=1}^{m} \left| \Re e\!\left(H_{y,mesu}(M_i)\right) \right|^2 \qquad (I.\,14)$$

$$\delta = \sum_{i=1}^{m} \left| \Im m\!\left(H_{y,mesu}(M_i)\right) \right|^2 \qquad (I.\,15)$$

où M_i est le point où le champ magnétique est mesuré et m est le nombre de points de mesure.

Ce modèle à été validé pour le cas de diviseur de Wilkinson, d'une self torique et d'un microcontrôleur [18]. Il a été également inséré dans l'outil de simulation HFSS d'ANSYS [24]. Une interface graphique a été développée sous Matlab [25] pour faciliter l'utilisation de cette approche de modélisation.

L'avantage principal de ce modèle est son nombre réduit de dipôles grâce à l'utilisation d'une procédure de traitement d'image. Néanmoins, ce modèle nécessite une grande capacité de calcul, pour le traitement d'image et l'optimisation, due au nombre de paramètres à déterminer. Par ailleurs, une expertise en phase amont est nécessaire pour déterminer les paramètres des dipôles avant le recours à l'algorithme d'optimisation. De plus, cette approche permet de prédire uniquement le champ magnétique rayonné.

- <u>Prédiction du champ électromagnétique</u>

Pour la prédiction du champ électromagnétique rayonné, une nouvelle approche de modélisation a été proposée [26]. Elle est principalement inspirée du modèle précédemment décrit, c.à.d que le composant sous test est toujours modélisé par un réseau de dipôles électriques élémentaires. Afin de pouvoir incorporer la prédiction du champ électrique rayonné, l'effet de la permittivité relative du substrat du DST a été pris en considération. En effet, cette quantité caractérise la réponse d'un milieu donné suite à l'application d'un champ électrique.

Les équations (I. 16), (I. 17) et (I. 18) expriment les composantes du champ électrique rayonné par un dipôle électrique.

$$E_x = \frac{k^2}{j\omega\varepsilon}\frac{I_e l_e}{4\pi R^3}e^{-jkR}\left\{\begin{array}{l} R^2\cos(\theta_e)\left(1-\dfrac{j}{kR}-\dfrac{1}{(kR)^2}\right) \\[2mm] -(x-x_0)\left(1-j\dfrac{3}{kR}-\dfrac{3}{(kR)^2}\right)[(x-x_0)\cos(\theta_e)+(y-y_0)\sin(\theta_e)] \end{array}\right\} \qquad (I.16)$$

$$E_y = \frac{k^2}{j\omega\varepsilon}\frac{I_e l_e}{4\pi R^3}e^{-jkR}\left\{\begin{array}{l} R^2\sin(\theta_e)\left(1-\dfrac{j}{kR}-\dfrac{1}{(kR)^2}\right) \\[2mm] -(y-y_0)\left(1-j\dfrac{3}{kR}-\dfrac{3}{(kR)^2}\right)[(x-x_0)\cos(\theta_e)+(y-y_0)\sin(\theta_e)] \end{array}\right\} \qquad (I.17)$$

$$E_z = -\frac{k^2}{j\omega\varepsilon}\frac{I_e l_e}{4\pi R^3}e^{-jkR}(z-z_0)\left(1-j\frac{3}{kR}-\frac{3}{(kR)^2}\right)[(x-x_0)\cos(\theta_e)+(y-y_0)\sin(\theta_e)] \qquad (I.18)$$

Ces trois composantes sont inversement proportionnelles à la permittivité du milieu:

$$\varepsilon = \varepsilon_0 \varepsilon_r \qquad (I.\ 19)$$

avec : ε_0 est la permittivité de l'air et ε_r est la permittivité relative du milieu.

Pour mieux expliquer la notion de permittivité relative effective, une ligne miocroruban classique a été prise comme un exemple d'illustration. En effet, les lignes de champ de cette structure sont distribuées dans un milieu inhomogène constitué de l'air et du substrat.

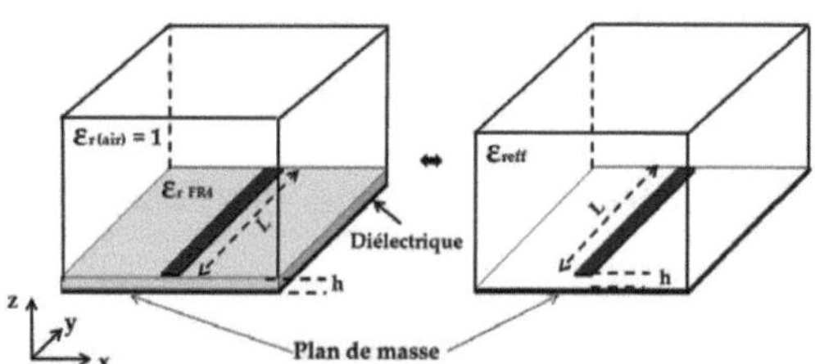

Figure 17 : Principe d'equivalence d'une ligne microruban

En considérant un mode de propagation quasi-TEM, cette ligne peut être décrite par une représentation équivalente (Figure 17). En effet, les deux régions distinctes (air et substrat) sont remplacées par un milieu homogène caractérisé par une permittivité relative effective ε_{reff} [27]. En prenant en considération cette équivalence, la permittivité ε du milieu et le nombre d'onde k sont exprimés respectivement dans (I. 20) et (I. 21).

$$\varepsilon = \varepsilon_0 \varepsilon_{reff} \tag{I. 20}$$

$$k = \frac{2\pi}{\lambda}\sqrt{\varepsilon_{reff}} \tag{I. 21}$$

Le modèle proposé dans [28] et [29] prend en considération l'effet de cette quantité pour prédire le rayonnement des champs électrique et magnétique du DST. L'algorithme de Levenberg-Marquardt (LM) est utilisé pour déterminer les paramètres des dipôles électriques tout en préservant leurs sens physiques. Pour cela, une séparation des deux parties réelle et imaginaire est effectuée lors de la résolution mathématique du modèle. Cependant, l'optimisation est réalisée simultanément pour les deux parties [26].

Ce modèle, basé sur la connaissance des deux composantes du champ magnétique et de la permittivité relative du substrat, présente l'avantage de pouvoir prédire le rayonnement EM en utilisant uniquement un seul type de dipôles (dipôles électriques). En revanche, la détermination des paramètres caractéristiques de ses sources fait recours à un algorithme de résolution de systèmes non linéaires de type Newton-Raphson (Levenberg-Marquardt) [30]. Ce dernier nécessite une solution initiale qui peut être calculée à partir de la méthode de résolution inverse citée dans la partie précédente. Par ailleurs, la détermination de la permittivité effective n'est pas évidente pour tous les cas des SSTs, encore plus quand il s'agit des circuits actifs.

B. Modèles basés sur des dipôles magnétiques

Pour cette approche, le modèle proposé est basé sur un réseau de dipôles ou boucles magnétiques élémentaires dont la composante normale est perpendiculaire au plan « xy » contenant ces sources infinitésimales (Figure 18) [18].

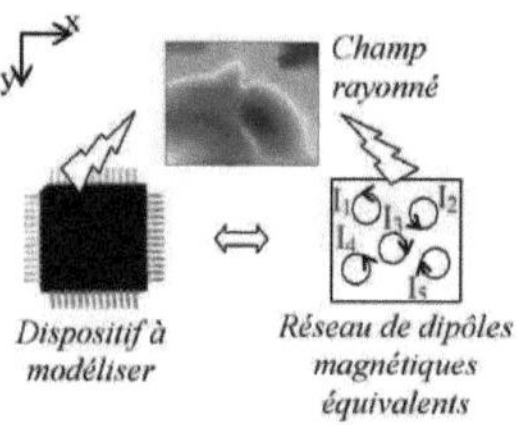

Figure 18 : Principe du modéle basé sur des dipôles magnétiques [18]

Les expressions des composantes du champ magnétique rayonné par une boucle élémentaire sont exprimées en (I. 22), (I. 23) et (I. 24).

$$H_x = \frac{jSkI_0(x-x_0)(z-z_0)}{4\pi R^4} e^{-jkR}\left(3+\frac{3}{jkR}+jkR\right) = \alpha_x I_0 \qquad (\text{I. 22})$$

$$H_y = \frac{jSkI_0(y-y_0)(z-z_0)}{4\pi R^4} e^{-jkR}\left(3+\frac{3}{jkR}+jkR\right) = \alpha_y I_0 \qquad (\text{I. 23})$$

$$H_z = \frac{jSk^2 I_0}{4\pi R} e^{-jkR}\left[\frac{(z-z_0)^2}{R^2}\left(\frac{3}{kR}+\frac{3}{jk^2R^2}+j\right)-\left(j+\frac{1}{kR}+\frac{1}{jk^2R^2}\right)\right] = \alpha_z I_0 \qquad (\text{I. 24})$$

avec :
- (x,y,z) sont les coordonnées du point de mesure
- (x_0,y_0,z_0) sont les coordonnées du dipôle dans le plan « xy »
- S est la surface de chaque boucle

En se référant aux équations (I. 22), (I. 23) et (I. 24), les paramètres à déterminer pour ce modèle sont uniquement les courants qui parcourent ces boucles.

En prenant en compte la linéarité entre le rayonnement magnétique et le courant parcourant une boucle magnétique, il s'avère concevable de déterminer le courant en se référant uniquement à une seule composante (H_x ou H_y ou H_z).

Dans le cas où H_x est utilisée pour construire le modèle, la contribution d'une boucle placée selon l'axe « x » ne peut pas être détectée. De même si on considère la composante H_y. Par conséquent, l'utilisation de la composante H_z ou la composante tangentielle $H_{\tan} = \sqrt{H_x^{\,2} + H_y^{\,2}}$ peut être envisageable. Pour plus de simplicité, la composante H_z a été adoptée comme entrée de base du modèle et la méthode inverse a été appliquée pour déterminer les courants des dipôles (équations (I. 25) et (I. 26)).

$$\left[H_z\right]_{m\times1} = \left[\alpha_z\right]_{m\times p}.\left[I_0\right]_{p\times1} \tag{I. 25}$$

$$\left[I_0\right]_{p\times1} = \left[\alpha_z\right]^{-1}{}_{m\times p}.\left[H_z\right]_{m\times1} \tag{I. 26}$$

Ce modèle a été validé pour le cas d'un diviseur Wilkinson et d'une self torique [18].

L'avantage principal de cette approche de modélisation est son temps de calcul qui est relativement moins important par rapport aux autres approches. En effet, un seul paramètre (courant) est à déterminer et une seule composante (H_z) est utilisée pour construire le modèle. En revanche, ce modèle présente une précision faible pour les deux composantes tangentielles (H_x et H_y) du fait qu'elles ne sont pas utilisées pour construire le réseau de boucles élémentaires.

L'approche dipôle magnétique a été utilisée de manières différentes dans plusieurs travaux de recherche pour prédire le rayonnement des composants de puissance, comme les Mosfet, les IGBT, etc,…

Par exemple, le modèle proposé dans [31] est basé sur l'utilisation des boucles magnétiques au voisinage du CST. Les paramètres du modèle (moments magnétiques, positions et orientations des dipôles) sont déterminés en utilisant la méthode de résolution inverse et optimisées en appliquant l'algorithme génétique (AG). Le processus d'extraction du modèle est présenté dans la Figure 19.

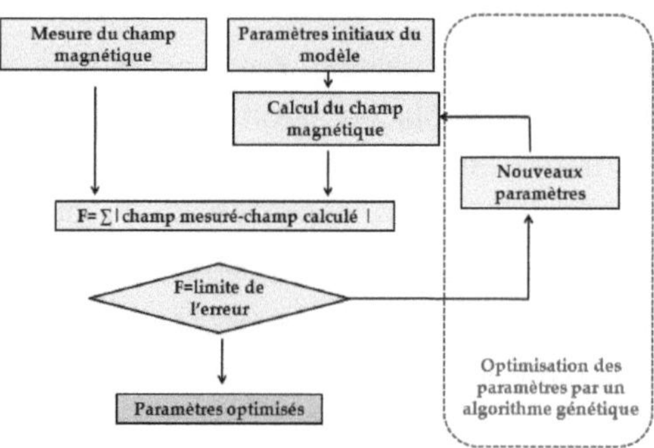

Figure 19 : Procédure d'extraction du modèle

Le temps de convergence et la précision de ce modèle dépendent essentiellement des paramètres optimaux utilisés dans l'algorithme génétique (la fonction « Fitness » et le nombre d'itérations) [32].

C. Modèles basés sur des dipôles électriques et magnétiques

Pour cette approche de modélisation, le rayonnement du DST est représenté par un réseau de deux types de sources, électriques et magnétiques, placées dans un plan « xy » (Figure 20) [33].

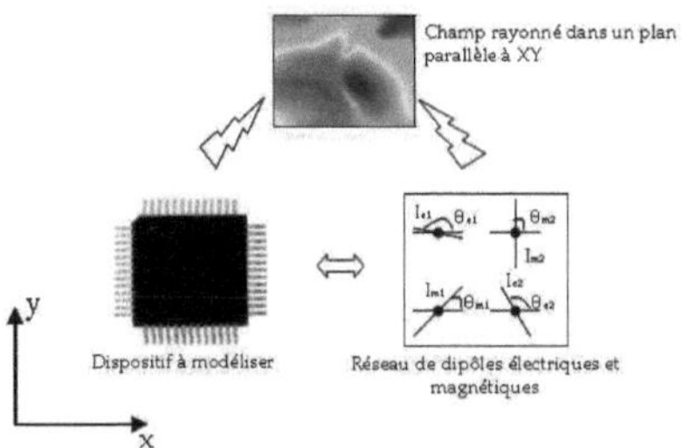

Figure 20 : Principe de modélisation [33]

Dans ce cas, il est possible de placer dans la même position un dipôle électrique et un dipôle magnétique pour prédire le rayonnement EM du DST. La représentation du dipôle magnétique dans ce modèle est différente de celle présentée dans la section III-1-B. En effet, comme le montre la Figure 21, une boucle magnétique de section S, parcourue par un courant I_{ms}, peut être transformée en un dipôle magnétique de courant I_m et de longueur Δl

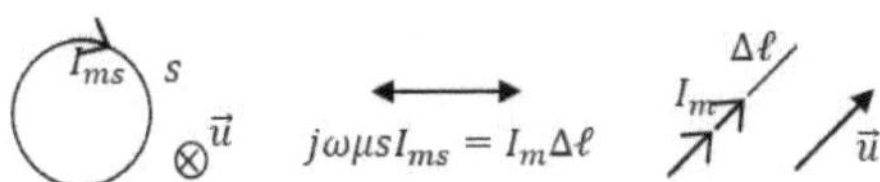

Figure 21 : Equivalence boucle magnétique- dipôle magnétique [26]

La relation qui relie ces différents paramètres est exprimée en (I. 27).

$$I_m \Delta l = j\omega\mu S I_{ms}$$ (I. 27)

Où $\omega = 2\pi f$ est la fréquence angulaire.

Comme pour l'approche dipôles électriques présentée dans la section III-1-A, le nombre, la position et la longueur de chaque dipôle sont prédéfinis par l'utilisateur. Le courant et l'orientation de chaque dipôle sont les variables à déterminer.

Les composantes tangentielles des champs électrique et magnétique, à une distance bien définie au dessus du DST, sont les données d'entrée pour ce processus de modélisation. La formulation mathématique de ce modèle est établie à partir des expressions du potentiel vecteur magnétique $\vec{A}$ et du potentiel vecteur électrique $\vec{F}$. Ainsi, la description mathématique du modèle peut être résumée sous la forme matricielle de l'équation (I. 28).

$$\begin{pmatrix} [E_x] \\ [E_y] \\ [H_x] \\ [H_y] \end{pmatrix}_{m\times 1} = [\alpha]_{m\times p} \begin{pmatrix} [I_e \sin(\phi_e)] \\ [I_e \cos(\phi_e)] \\ [I_m \sin(\phi_m)] \\ [I_m \cos(\phi_m)] \end{pmatrix}_{p\times 1} = [\alpha]_{m\times p}[X] \qquad (I.\ 28)$$

où :

- $m/4$: le nombre de points de mesure
- $p/2$: le nombre de dipôles (électrique et magnétique).
- La matrice $[\alpha]$ est constituée d'éléments qui dépendent des paramètres prédéfinis du modèle.
- ϕ_e et ϕ_m sont les orientations des dipôles dans le plan « xy ».

Pour déterminer les orientations et les courants des différents dipôles, la méthode de résolution inverse est adoptée. Les champs mesurés et leurs lignes correspondantes dans la matrice $[\alpha]$ sont normalisés pour garantir un conditionnement faible (proche de 1) et donc un problème inverse bien conditionné.

La même démarche de modélisation, décrite dans la section III-1-A, a été appliquée pour déterminer les paramètres du modèle (courants et orientations) : une inversion de la matrice $[\alpha]$ au sens des moindres carrés, suivie d'une division élément par élément dans [X].

Ce modèle a été utilisé pour modéliser le rayonnement d'un circuit passif (diviseur de Wilkinson opérant à la fréquence 1GHz) et un circuit actif (oscillateur opérant à la fréquence 40 MHz) [34]. Il présente les avantages suivants :

- Pouvoir prédire le rayonnement électromagnétique total par les DSTs.
- Un simple processus de modélisation et une possibilité d'intégration dans des outils de simulation [35].
- Une bonne précision pour la prédiction du champ EM.

Néanmoins, ce modèle nécessite :

- Un nombre élevé de sources élémentaires puisqu'il fait recours à deux types de dipôles.
- Deux types de mesure champ proche : mesure du champ électrique et mesure du champ magnétique.

D. Modèles basés sur des courants équivalents

Cette approche de modélisation est basée principalement sur l'application du principe d'équivalence en électromagnétique appelé aussi principe d'Huygens [19], dans lequel on établit une distribution de courants équivalents qui rayonnent le même champ que le DST. En effet, soit une source rayonnante représentée par des densités de courants électriques $\vec{J}_I$ et magnétiques $\vec{M}_I$. Cette source rayonne les champs $\vec{E}_1$ et $\vec{H}_1$ partout dans l'espace. La surface fermée S entoure ces densités $\vec{J}_I$ et $\vec{M}_I$ (Figure 22). V_1 et V_2 désignent respectivement les volumes à l'intérieur et à l'extérieur de S. Le principe d'équivalence consiste à remplacer les densités de courants internes par des densités surfaciques $\vec{J}_s$ et $\vec{M}_s$ qui produisent les mêmes champs $\vec{E}_1$ et $\vec{H}_1$ seulement en dehors de la surface fermée S (Figure 22-(b)). Ces densités de courants doivent satisfaire aux conditions aux limites imposées aux composantes tangentielles des champs électrique et magnétique (équations (I. 29) et (I. 30)).

$$\vec{J}_s = \hat{n}\left[\vec{H}_1 - \vec{H}\right]$$ (I. 29)

$$\vec{M}_s = -\hat{n}\left[\vec{E}_1 - \vec{E}\right]$$ (I. 30)

avec $\vec{E}$ et $\vec{H}$ sont respectivement les champs électrique et magnétique à l'intérieur de S. Vu que les champs $\vec{E}$ et $\vec{H}$ à l'intérieur de la surface S peuvent prendre des valeurs aléatoires, nous pouvons les approximer à zéro : C'est une forme du principe d'équivalence nommée principe de Love (Figure 22-(c)) [19]. Les densités sont alors exprimées en (I. 31) et (I. 32).

$$\vec{M}_s = -\hat{n}\vec{E}_1$$ (I. 31)

$$\vec{J}_s = \hat{n}\vec{H}_1$$ (I. 32)

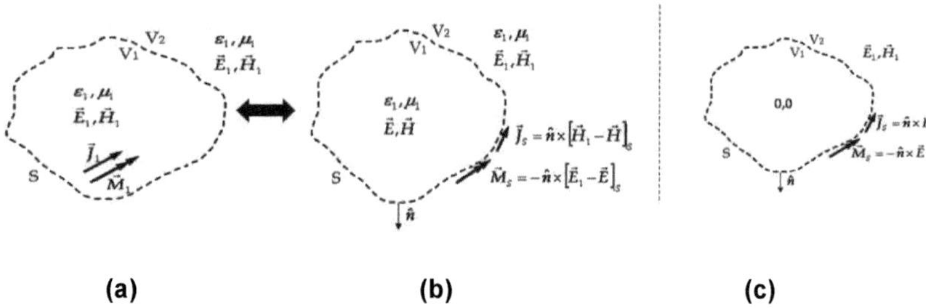

Figure 22 : Principe d'equivalence [19]

Les champs $\vec{E}_1$ et $\vec{H}_1$ en dehors de S (Figure 22-(c)) sont alors exprimés en fonction des densités de courants équivalents (équations (I. 33) et (I. 34)).

$$\vec{E}_1 = f_1(\vec{J}_s, \vec{M}_s) \qquad (\text{I. } 33)$$

$$\vec{H}_1 = f_2(\vec{J}_s, \vec{M}_s) \qquad (\text{I. } 34)$$

Où f_1 et f_2 sont des fonctions intégrales détaillées dans [19]. Le champ total généré dans un milieu homogène par une distribution arbitraire de densités de courants électriques et magnétiques est la superposition des deux effets comme indiqués dans (I. 35) et (I. 36).

$$\vec{E}_1(M_i) = \vec{E}_{J_S}(M_i) + \vec{E}_{M_S}(M_i) \qquad (\text{I. } 35)$$

$$\vec{H}_1(M_i) = \vec{H}_{J_S}(M_i) + \vec{H}_{M_S}(M_i) \qquad (\text{I. } 36)$$

D'après (I. 33) et (I. 34), il devient possible de déterminer la distribution de courants équivalents en se basant sur un seul type de champ qu'on peut mesurer. Un système matriciel peut être alors défini en associant à chaque point de mesure M_i l'expression du champ rayonné en fonction des densités de courants électriques et magnétiques. Ainsi, le champ électrique peut être illustré dans (I. 37).

$$\begin{bmatrix} E_x \\ E_y \end{bmatrix} = [Z]\begin{bmatrix} J_s \\ M_s \end{bmatrix} = [Z][X_1] \qquad (\text{I. } 37)$$

Avec, E_x et E_y sont les composantes du champ électrique tangentiel rayonné, les éléments de la matrice $[Z]$ sont les résultats de la fonction d'intégration f_1 et J_s et M_s sont les densités de courants à déterminer.

Dans [36], les auteurs utilisent la fonction de Rao-Wilton-Glisson (RWG) pour le calcul de l'intégrale ce qui permet de réduire les problèmes dus aux discontinuités des courants équivalents.

La résolution de la matrice présentée dans (I. 37) dépend essentiellement du pas d'échantillonnage à savoir la quantité suffisante de données de mesure que l'utilisateur aura besoin pour déterminer les variables du modèle avec une bonne précision. La technique de décomposition en valeur singulières (SVD) a été introduite en [37] pour résoudre ce genre de problèmes. En effet, elle permet d'une part d'éliminer l'effet du bruit et l'erreur qu'on peut avoir sur les champs mesurés, et d'autre part de répondre à la question suivante : « est ce que les données d'entrée (champs mesurés) sont suffisantes pour converger vers la bonne solution ? ». Cette même technique SVD a été aussi utilisée dans [38] pour améliorer la prédiction du rayonnement électromagnétique pour les modèles basés sur une distribution de dipôles électriques et magnétiques.

Les modèles basés sur des courants équivalents présentent l'avantage de pouvoir prédire le rayonnement du DST en utilisant une distribution arbitraire de courants électrique et/ou magnétique et en se basant sur une acquisition arbitraire des données de mesure (champ électrique et/ou magnétique) [39]. En revanche, ces modèles sont très gourmands en termes de temps de calcul. En effet, la détermination des paramètres du modèle nécessite la résolution de grands systèmes d'équations.

2. Modèles spectre d'ondes planes

D'autres méthodes ont été proposées dans la littérature pour prédire le rayonnement électromagnétique en champ proche ([40] et [41]) et la transformation en champ lointain [42]. La méthode de spectre d'ondes planes est la plus connue.

Un champ électrique ou magnétique rayonné peut être représenté par la superposition de plusieurs ondes planes, ayant la même fréquence, mais se propageant dans différentes directions de l'espace [19], [43]. Cela se traduit par la représentation mathématique de la transformation de Fourier inverse. Par exemple, en un point défini par ses coordonnées (x,y,z), le champ magnétique peut être exprimé par l'équation (I. 38).

$$\vec{H}(x,y,z)=\frac{1}{4\pi^2}\int_{-\infty}^{+\infty}\int_{-\infty}^{+\infty}\vec{F}\left(k_x,k_y\right)e^{-j\vec{k}\cdot\vec{r}}dk_xdk_y=\frac{1}{4\pi^2}\int_{-\infty}^{+\infty}\int_{-\infty}^{+\infty}\vec{F}\left(k_x,k_y\right)e^{-jk_zz}e^{-j\left(k_xx+k_yy\right)}dk_xdk_y \qquad (\text{I. }38)$$

où $\vec{F}\left(\vec{k}\right)$ est nommé spectre d'ondes planes et il s'exprime en (I. 39):

$$\vec{F}\left(\vec{k}\right)=\vec{F}\left(k_x,k_y\right)=e^{jk_zz}\int_{-\infty}^{+\infty}\int_{-\infty}^{+\infty}\vec{H}(x,y,z)e^{j\left(k_xx+k_yy\right)}dxdy \qquad (\text{I. }39)$$

avec k_x, k_y et k_z sont les composantes spatiales du nombre d'onde k. Elles sont liées par la relation (I. 40).

$$k=\frac{w^2}{C^2}=k_x{}^2+k_y{}^2+k_z{}^2 \qquad (\text{I. }40)$$

où C exprime la célérité de la lumière ; $\dfrac{k_x}{2\pi}$ et $\dfrac{k_y}{2\pi}$ représentent respectivement les fréquences spatiales dans les directions x et y.

Les champs EM sont obtenus par mesure en champ proche, ce qui fait que les données d'entrée de ce modèle sont des éléments discrets. Cela mène à réécrire le problème mathématique (I. 39) sous une forme discrète. Dans ce cas, les fréquences spatiales seront exprimées de la façon suivante :

$$\frac{k_x}{2\pi}=m\Delta x=m\frac{2\pi}{M\Delta x} \qquad (\text{I. }41)$$

$$\frac{k_y}{2\pi}=n\Delta y=n\frac{2\pi}{N\Delta y} \qquad (\text{I. }42)$$

Avec Δx et Δy sont les pas de discrétisation, M et N sont les nombres de points respectivement selon x et y, $n=\{0\dots N\text{-}1\}$ et m $=\{0\dots M\text{-}1\}$

D'après l'équation (I. 39), nous pouvons calculer le spectre à des hauteurs différentes du spectre connu par une simple multiplication par le terme e^{jk_zz} (Figure 23).

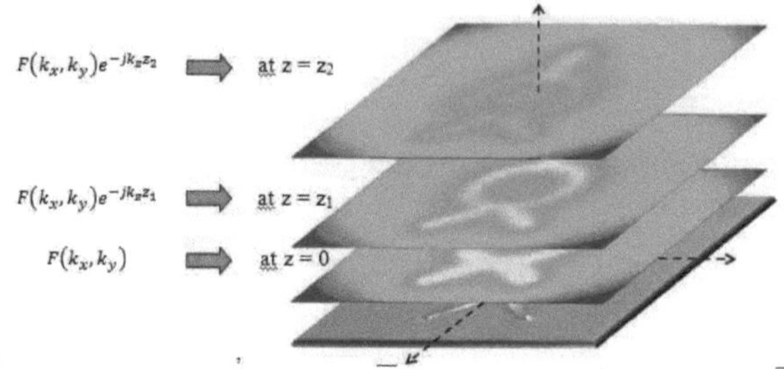

Figure 23 : Principe de l'approche de modelisation spectre d'ondes planes [44]

Cette approche de modélisation présente l'avantage de sa simplicité de calcul. En revanche la précision de la prédiction du champ rayonné dépend essentiellement de la transformé de fourrier inverse qui nécessite un nombre de points de mesure très élevé et bien maitrisé pour converger vers la meilleure solution. Des techniques numériques, telle que le « zéro padding », existent pour palier à ce problème.

IV. Modélisation des couplages ondes électromagnétiques-lignes de transmission

Dans cette partie, nous allons présenter un état de l'art sur les différents modèles qui permettent de prédire la réponse d'une ligne de transmission (un conducteur au dessus d'un plan de masse ou une ligne microruban) à une excitation électromagnétique externe. Ces modèles sont classés en deux principales catégories :

- Modèles numériques
- Modèles analytiques

1. Les modèles numériques

Les méthodes numériques sont basées principalement sur la résolution des équations de l'électromagnétisme (équations de

Maxwell) [19] dans le domaine fréquentiel ou temporel. Dans ce qui suit, nous allons exposer les techniques numériques les plus répandues, principalement celles qui sont exploitées par des outils de simulations électromagnétiques commerciaux.

A. La méthode des moments (MoM)

Cette méthode a été introduite par Roger F. Harrington [45] en 1967 pour qu'elle soit appliquée afin de trouver des solutions aux problèmes d'électromagnétisme. Cette démarche numérique repose principalement sur la résolution des équations intégro-différentielles dont les variables à déterminer sont les densités de courants surfaciques qui résultent d'une excitation électromagnétique arbitraire [46]. Cette procédure a été testée en premier lieu sur des structures filiformes : un fil d'antenne. Ensuite, sa formulation a été adaptée aux cas des structures tridimensionnelles.

La formulation du problème des moments suit les étapes suivantes :

1) Développement d'une expression intégrale. Cette dernière utilise la fonction de Green [47] qui relie les conditions aux limites sur les champs rayonnés en un point d'observation (les données du problème) à des distributions arbitraires de densités de courants qui lui ont données naissance (les inconnus du problème).
2) Application de la technique d'expansion orthogonale pour transformer les équations intégrales en un système d'équations linéaires présentées sous une forme matricielle.
3) Résolution du problème matriciel.

Pour l'approche classique de résolution, la discrétisation est effectuée par un maillage linéaire. La fonction de base utilisée est de type pulse ou triangle. En revanche, cette technique engendre des problèmes de convergence notamment quand il s'agit d'étudier des structures de formes géométriques très disparates. Dans ce cas, une méthode des moments d'ordre plus élevé a été introduite :

HO-MoM [48]. Pour cette procédure, les fonctions de base sont des polynômes d'ordre arbitraire et la discrétisation est assuré par la technique NURBS « NonUniforme Rational Basis Splines » [48]. Cette solution permet une convergence plus précise pour la prédiction des courants surfaciques.

Cette technique de résolution est adoptée par des outils de simulation numérique comme le logiciel FEKO [49]. L'avantage principal de la méthode des moments est sa capacité de converger vers la bonne solution sans recours à modéliser l'environnement entourant le dispositif sous test. Seule la structure à étudier est modélisée. En revanche, cette méthode présente des problèmes de convergences quand il s'agit de modéliser des structures qui contiennent des milieux diélectriques ou magnétiques [50].

B. La méthode des éléments finis (MEF)

La méthode des éléments finis (MEF) consiste à résoudre les équations aux dérivés partielles dans des petites régions élémentaires obtenues par un maillage triangulaire (quand il s'agit de modéliser une structure bidimensionnelle) ou tétraédrique (quand il s'agit de modéliser une structure tridimensionnelle) [51].

La modélisation en utilisant la méthode des éléments finis suit la démarche suivante:

1) Discrétisation du domaine de calcul en sous-domaines élémentaires : c'est ce qu'on appelle maillage. Ce dernier est adaptatif pour prendre en considération le profil géométrique de la structure sous test. Un exemple de maillage pour une self torique modélisée sous HFSS est présenté sur la Figure 24 [52].

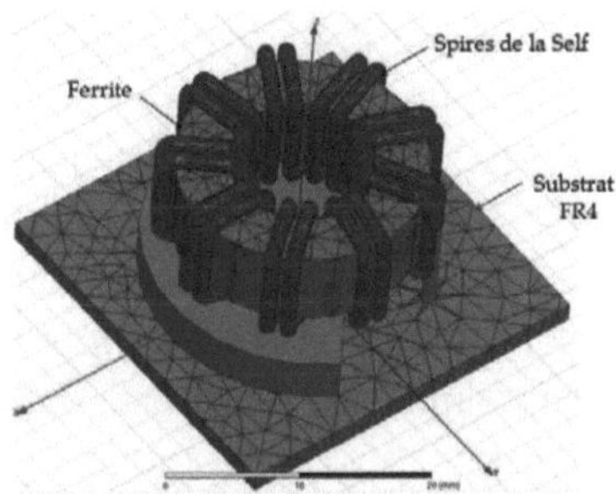

Figure 24 : Exemple d'un maillage éléments finis d'une self torique sous HFSS-Ansys [24]

2) Application de l'approximation nodale pour chaque sous-domaine d'étude. En effet, la méthode des éléments finis consiste principalement à trouver une approximation des champs dans chaque sous-domaine d'étude. Cette estimation est établie à partir des valeurs du champ estimées aux nœuds de l'élément de maillage en utilisant des fonctions d'interpolation linéaire ou quadratique.
3) Etablir la description matricielle élémentaire correspondante à chaque sous-domaine.
4) Assemblage de l'ensemble des matrices élémentaires
5) Etablir les conditions aux limites
6) Résolution du système d'équations

Cette méthode est très répandue du fait qu'elle peut être adaptée pour modéliser des structures de plus en plus complexes. En revanche, avec l'augmentation de la complexité de ces structures, le besoin d'un maillage très raffiné s'impose pour converger vers une solution optimale. Par conséquent, le nombre des équations à résoudre devient très important. Ceci augmente le temps de calcul et exige des ressources informatiques plus puissantes (grande quantité de mémoire).

Cette technique a été utilisée dans les travaux de cette thèse pour évaluer le champ rayonné par les structures de test dans un espace tridimensionnel (3D). Elle a été également utilisée pour prédire le couplage entre des éléments rayonnants et des lignes de transmission voisines. Le calcul des tensions induites aux extrémités est fait par intégration du champ électrique. Le logiciel HFSS (High Frequency Simulation Software) d'ANSYS [24], utilisant cette technique, a été retenu pour notre étude.

C. La méthode des différences finies dans le domaine temporel (FDTD)

La méthode des différences finies dans le domaine temporel consiste à résoudre les équations de Maxwell dans un domaine spatio-temporel. La détermination des composantes du champ électromagnétique se fait à l'aide d'un algorithme itératif temporel.

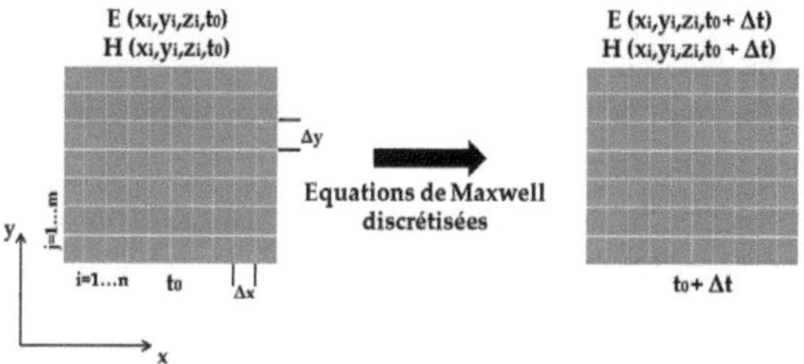

Figure 25 : Principe de la méthode FDTD

Cette méthode numérique suit les étapes suivantes :

1) Discrétisation de la surface sous test en mailles parallélépipédiques élémentaires appelées mailles de Yee [53].

2) Etablissement des équations de Maxwell discrétisées à partir des équations présentées dans (I. 43) et (I. 44).

$$\nabla \times \vec{E} = -\mu \frac{\partial \vec{H}}{\partial t}$$ (I. 43)

$$\nabla \times \vec{H} = \sigma \vec{E} + \varepsilon \frac{\partial \vec{E}}{\partial t}$$ (I. 44)

3) Remplacement des opérations de dérivations par des différences finies.
4) Etablissement des équations scalaires en différences finies. Ces équations montrent que les composantes du champ électrique sont calculées avec un écart d'une demi-itération temporelle par rapport aux composantes du champ magnétique.

Cette technique de résolution a été utilisée par l'outil de simulation CST microwave studio [54]. Elle permet de modéliser des structures complexes avec différents milieux diélectriques. En revanche, la précision de la solution souhaitée dépend essentiellement du nombre des éléments de discrétisation ce qui implique pour les cas de test les plus complexes un temps de calcul et un espace mémoire énormes.

2. Les modèles analytiques

Les modèles analytiques, qui permettent de prédire le couplage entre les éléments rayonnants et les interconnexions voisines, sont basés principalement sur la théorie des lignes de transmission. Cette théorie consiste à établir à partir des équations de Maxwell et dans les cas des approximations quasi-TEM (Transverse ElectroMagnétique) et quasi-stationnaire (ARQS) des équations différentielles décrivant la propagation d'une onde excitatrice sous forme de courant et tension tout au long de la ligne de transmission [19], [55].

A. Approximation de la théorie des lignes de transmission

Une ligne de transmission est un ensemble formé d'un ou plusieurs conducteurs qui permettent d'acheminer un signal électrique de la source émettrice vers la charge réceptrice. Les lignes de transmission peuvent être des conducteurs au dessus d'un plan de masse ou des lignes microrubans (Figure 26).

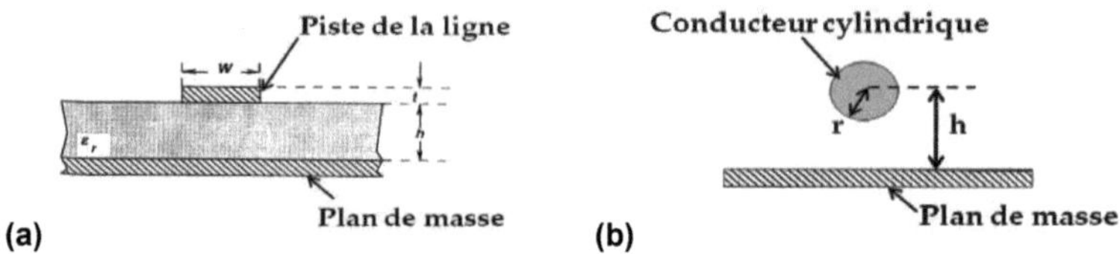

Figure 26 : Lignes de transmission. (a) Conducteur au dessus d'un plan de masse. (b) Ligne microruban

L'approximation quasi-TEM suppose que l'onde électromagnétique est acheminée longitudinalement entre les deux conducteurs c.à.d que les deux champs électrique et magnétique sont perpendiculaires à la direction de propagation (Figure 27). L'énergie EM perpendiculaire aux deux conducteurs étant supposée alors négligeable. Cette hypothèse n'est alors valable que pour le cas où la distance entre le plan de masse (conducteur de référence) et le conducteur de base est très inferieure à la longueur d'onde ($h<<\lambda$). Au reste, la forme géométrique de la ligne doit être relativement uniforme.

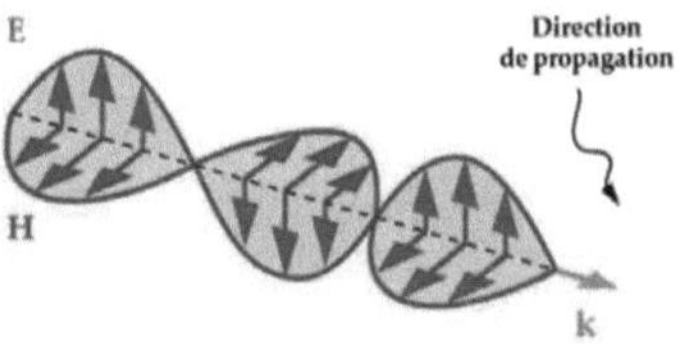

Figure 27 : Mode de propagation TEM

L'approximation quasi-stationnaire suppose que la variation temporelle de l'onde électromagnétique est très lente ce qui permet de considérer que cette dernière garde les mêmes valeurs tout au long de la ligne de transmission. Par conséquent, cette hypothèse n'est valable que lorsque la longueur de la ligne est très petite devant la longueur d'onde ($L<<\lambda$).

B. Modèle électrique de la ligne de transmission

Une ligne de transmission peut être modélisée par un ensemble de quadripôles élémentaires (quadripôle « 1 », ..., quadripôle « n ») placés en cascade entre la source et la charge. Chaque cellule (quadripôle) est représentée par un circuit électrique. Ce dernier est formé de quatre composants: résistance R, inductance L, capacité C et conductance G (Figure 28).

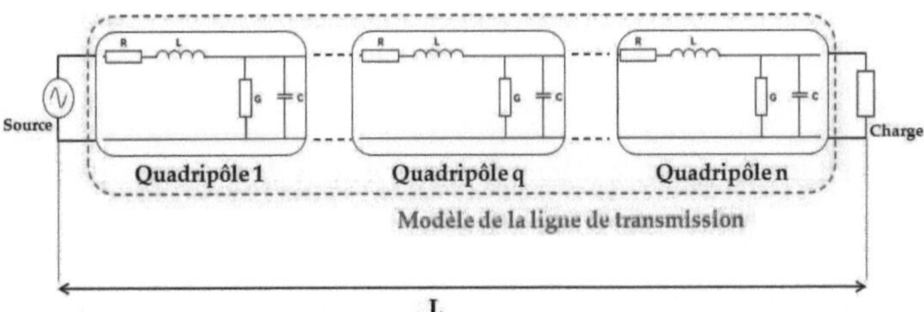

Figure 28 : Schéma électrique équivalent d'une ligne de transmission

R, *L*, *C* et *G* sont les paramètres linéiques de la ligne de transmission qui peuvent être estimés d'une manière théorique [55] ou évalués expérimentalement [56] :

- *R* traduit les pertes ohmiques du conducteur (Ω/m).
- *L* traduit l'énergie magnétique emmagasinée (H/m).
- *C* traduit l'énergie électrique emmagasinée (F/m).
- *G* traduit les pertes diélectriques entre les deux conducteurs dans l'isolant non parfait (Siemens/m).

Pour déterminer les équations fondamentales de la propagation sur une ligne de transmission TEM, on considère le circuit équivalent infinitésimal présenté sur la Figure 29, où *Z* et *Y* désignent respectivement l'impédance linéique et l'admittance linéique shunt (équations (I. 45) et (I. 46))

$$Z = R + jL\omega \qquad\qquad (\text{I. 45})$$

$$Y = G + jC\omega \qquad\qquad (\text{I. 46})$$

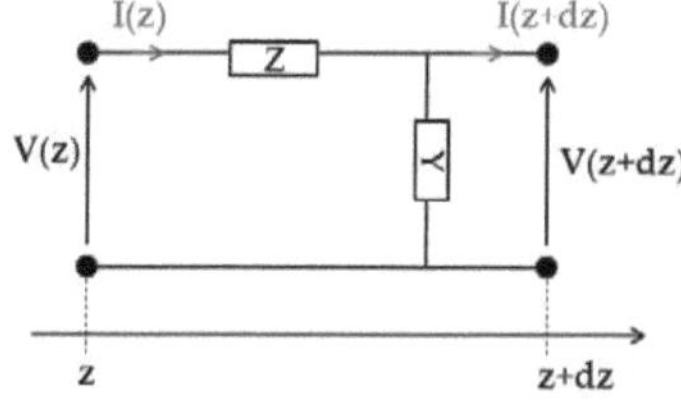

Figure 29 : Cellule élémentaire d'une ligne de transmission

En appliquant les lois de Kirchhoff classiques en courant et en tension [57], on peut déterminer les équations différentielles (équations (I. 47) et (I. 48)) régissant les courants et les tensions sur la ligne appelées équations des Télégraphistes [58].

$$\frac{dV(z)}{dz} + ZI(z) = 0 \tag{I. 47}$$

$$\frac{dI(z)}{dz} + YV(z) = 0 \tag{I. 48}$$

C. Couplage onde électromagnétique-ligne de transmission

Lorsqu'il s'agit d'étudier le coulage entre une onde électromagnétique excitatrice et une ligne de transmission, deux mécanismes sont à mentionner : le couplage du champ électrique et le couplage du champ magnétique sur la ligne.

Dans le cas d'un conducteur au dessus d'un plan de masse (Figure 26-(b)), le champ électromagnétique qui perturbe la ligne victime est la superposition du champ incident et du champ réfléchi par le plan de masse. En revanche, la présence du diélectrique pour une ligne microruban impose des réflexions successives entre la piste, l'interface air/diélectrique et le plan de masse.

Des modèles analytiques ont été proposés dans la littérature pour prédire le couplage électromagnétique [59], [61]. Ces modèles sont basés sur la théorie des lignes de transmission en prenant en considération l'effet du couplage électrique, magnétique, ou électromagnétique dans leurs formulations établies à partir des équations de l'électromagnétisme :

- Le modèle de Taylor, proposé dans [59], modélise le couplage électromagnétique par des sources de courant et de tension distribuées tout au long de la ligne de transmission présentée sur la Figure 28.
- Le modèle d'Agrawal, décrit dans [60], modélise l'effet du couplage électrique par des sources de tensions distribuées tout au long de la ligne et localisées sur les deux extrémités.

- Le modèle de Rachidi, détaillé dans [61], modélise l'effet du couplage magnétique par des sources de courant distribuées tout au long de la ligne et localisées aux deux extrémités.

Ces trois modèles sont parfaitement équivalents et permettent de prédire le couplage d'une onde excitatrice sur les lignes de transmission en évaluant les tensions induites aux deux extrémités à partir des équations de Blaum, Lui and Tesche (BLT) [62].

Ces modèles présentent une formulation analytique très simple et un temps de calcul très réduit par rapport aux différentes méthodes numériques présentées dans la section IV-1. Par conséquent, nous avons orienté notre choix vers l'utilisation de ces méthodes rapides pour reproduire le couplage électromagnétique entre des éléments rayonnants et les interconnexions voisines situées dans la zone champ proche. Cependant et comme nous l'avons mentionné dans la section IV-2-A, l'utilisation de ces modèles n'est valable que pour un mode de propagation TEM.

V. Conclusion

Dans ce chapitre, nous avons exposé le contexte des travaux de la thèse en se basant sur le projet dans lequel elle a été inscrite. Notre contribution scientifique est divisée en deux grands axes de recherche: la modélisation des émissions rayonnées et l'étude du couplage entre les éléments rayonnants et les interconnexions voisines. De ce fait, un état de l'art pour chaque partie a été présenté.

Dans la première partie nous avons présenté une synthèse des différentes approches permettant la modélisation des émissions rayonnées : les modèles basés sur des sources équivalentes et les modèles mathématiques (spectre d'onde plane). A partir de cette étude bibliographique, des conclusions ont été établies. En effet, la précision des modèles mathématiques dépend de la nature de sa formulation ce qui peut affecter la prédiction du champ rayonné en fonction de ses paramètres d'entrée. D'autre part, les modèles basés sur des courants équivalents présentent un temps de calcul relativement considérable et nécessitent la résolution de grands systèmes d'équations. Par ailleurs, les modèles basés sur des dipôles électriques et/ou magnétiques présentent un temps de calcul relativement réduit et une procédure d'extraction assez simple (méthode de résolution inverse) par rapport aux autres modèles précédemment mentionnés.

Le modèle basé sur la combinaison des deux types de dipôles, électrique et magnétique, présente une procédure simple puisqu'il permet de prédire le rayonnement électromagnétique à partir des données de mesure champ proche uniquement, aucune information supplémentaire n'est requise. Le modèle proposé dans [26], au contraire, nécessite la connaissance d'une nouvelle quantité physique qui est la de la permittivité effective de la carte électronique sous test. Par conséquent, le modèle dipôle électrique et magnétique a été retenu, pour notre étude, afin de prédire les émissions rayonnées 3D des structures électroniques.

Dans la deuxième partie de ce chapitre, nous avons exposé un état de l'art sur les différents modèles permettant de prédire le couplage électromagnétique sur les lignes de transmission. En effet, les méthodes numériques impliquent un temps de calcul très élevé et nécessite des ressources mémoires très puissantes. Au contraire, les méthodes analytiques présentent un temps de calcul très réduit et une formulation simple basée sur la théorie des lignes de transmission, ce qui correspond bien à nos besoins d'étude.

Chapitre II :

Caractérisation en champ proche des structures électroniques

I. Introduction

La caractérisation des composants/systèmes électroniques en émission rayonnée est une étape nécessaire à la construction des modèles permettant la prédiction du rayonnement électromagnétique dans l'espace avoisinant le DST. Les mesures en champ proche sont effectuées à l'aide d'un banc de mesure et moyennant des sondes sensibles aux différentes composantes cartésiennes des champs électrique et magnétique rayonnés. Ainsi, des cartographies, en amplitude et/ou en phase, peuvent être obtenues. Ces mesures permettent à la fois de localiser les sources de rayonnement et d'extraire le comportement électromagnétique des DSTs. Ces données peuvent nous conduire à prédire les éventuels couplages entre les différents équipements embarqués dans un même système électronique. En résumé, les mesures en champ proche permettent d'effectuer un diagnostic système d'un point de vue CEM et plus particulièrement le rayonnement électromagnétique.

L'IRSEEM dispose d'un banc champ proche qui permet de caractériser le rayonnement électromagnétique 2D à des distances quelconques au-dessus du DST [63]. Vu la complexité des formes géométriques 3D des composants électroniques intégrés particulièrement dans les cartes de puissance, le rayonnement EM sur les faces entourant les DSTs doit être pris en considération. Pour ce faire, le banc champ proche a été adapté afin d'effectuer des mesures automatiques dans l'espace entourant le DST. Cette caractérisation permet ainsi la modélisation des émissions rayonnées des composants ayant des formes géométriques 3D.

Ce chapitre a été consacré à la description de la technique de mesure en champ proche. Pour ce faire, nous abordons dans une première partie une introduction à cette technique de mesure. Nous présentons ainsi le banc champ proche développé à l'IRSEEM, les différentes sondes électriques et magnétiques ainsi que la méthode de calibrage de la chaine de mesure. Dans la dernière partie, nous décrivons la nouvelle technique de mesure 3D en champ proche.

II. Banc champ proche de l'IRSEEM

1. Description du banc

L'IRSEEM dispose de deux bancs champs proches, l'un dédié aux composants et l'autre aux grands systèmes (Figure 30). Le premier est composé d'un robot trois axes avec une résolution mécanique de 5 µm. Le deuxième est composé d'un robot cinq axes (3 translations et 2 rotations) avec une résolution mécanique de 10 µm pour les trois translations (x,y,z) et 0.009° pour les deux rotations (R_1,R_2). Il permet, à l'aide d'une sonde supportée par un bras en plexiglas/rexolite, de mesurer le rayonnement EM des dispositifs électroniques ayant une taille maximum de 200 cm (x) × 100 cm (y) × 60 cm (z).Le déplacement de la sonde de mesure au-dessus du DST est assuré par le robot. Le banc ne comporte aucun plan de masse afin d'éviter toute éventuelles réflexions [63].

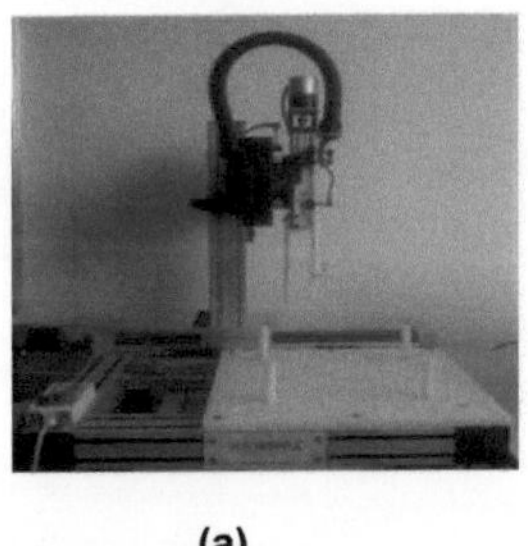

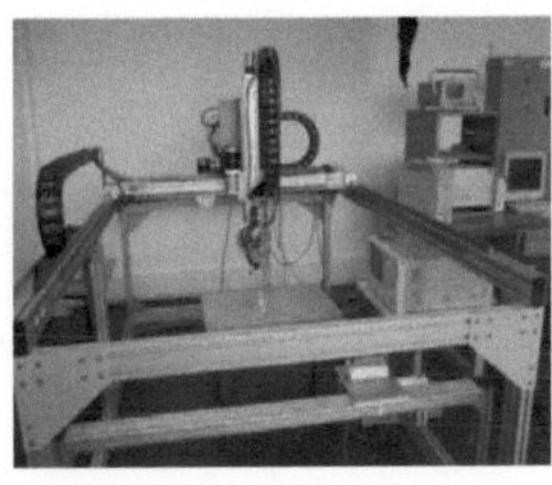

(a)   (b)

Figure 30 : Bancs champ proche disponibles à l'IRSEEM. (a) Banc Composants (b) Banc Systèmes

Le synoptique du banc CP est présenté dans la Figure 31. Une sonde de mesure passive est connectée à un instrument de mesure (analyseur de réseau, analyseur de spectre ou oscilloscope), elle

65

est placée dans l'environnement proche du dispositif à caractériser. La cartographie du champ électromagnétique est obtenue en effectuant un balayage de la sonde au-dessus du dispositif sur une surface prédéfinie par l'utilisateur. Un ordinateur contrôle le déplacement de la sonde et assure l'acquisition des données depuis l'instrument de mesure.

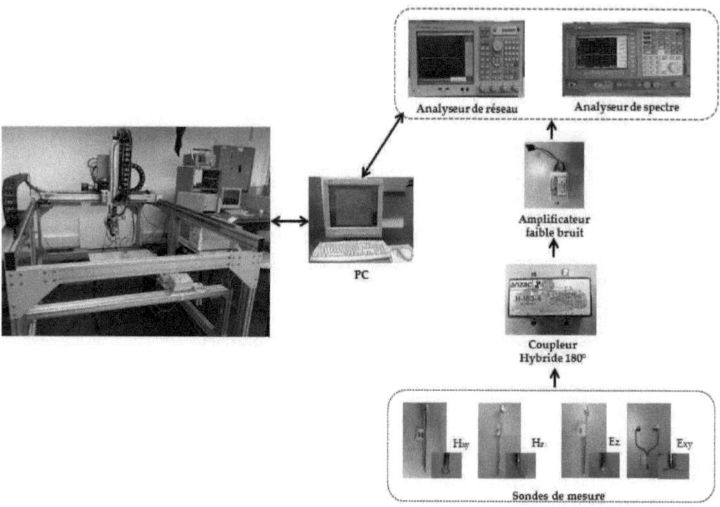

Figure 31 : Schéma synoptique du banc champ proche

L'analyseur vectoriel de réseau (VNA) est l'instrument de mesure utilisé pour récupérer à la fois l'amplitude et la phase du champ EM ce qui donne la possibilité de développer des modèles en émission rayonnée ([20], [28], [33], [64] et [65]) et d'effectuer des post-traitements des données pour prédire le rayonnement en champ lointain [37]. En revanche, l'utilisation de l'analyseur de spectre est limitée principalement à l'acquisition de l'amplitude du champ EM.

66

Un amplificateur faible bruit peut être inséré dans la chaine de mesure afin d'améliorer la dynamique du système. Les sondes de mesure différentielles, doivent être suivies par un coupleur hybride 180° afin de récupérer la tension différentielle entre les deux âmes des câbles coaxiaux de la sonde.

Pour les circuits passifs (Figure 32-(a)), l'utilisation du VNA permet de mesurer simultanément l'amplitude et la phase du champ EM. La puissance excitatrice du DST est injectée par un port du VNA et sur l'autre port, est récupéré le coefficient de transmission (S_{21}) image du rayonnement EM. En revanche, si on souhaite mesurer le rayonnement des dispositifs actifs, il devient délicat d'injecter une puissance puisque ces derniers sont alimentés en externe pour générer leurs propres signaux (ou activités internes). Dans ce cas, seule l'amplitude du champ EM peut être captée en utilisant un analyseur de spectre (Figure 32-(b)).

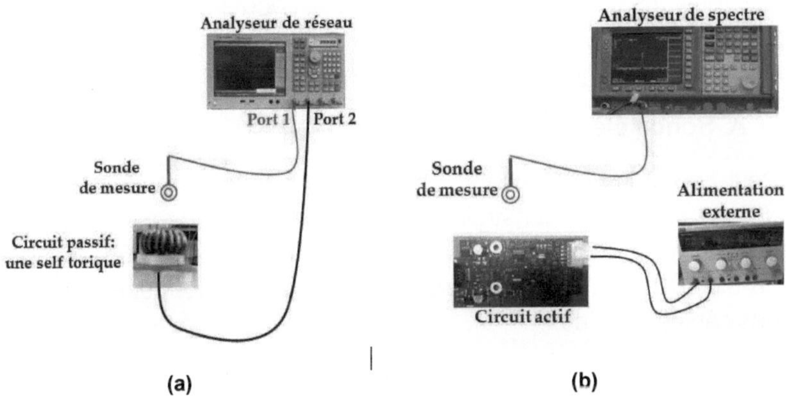

Figure 32 : Mesure en champ proche du rayonnement des circuits actifs et passifs

Néanmoins, des techniques de mesure du champ EM proche complexe, dédiées aux circuits actifs ont été présentées dans la littérature ([18], [66] et [67]). En effet, dans [18], les auteurs proposent l'utilisation de l'analyseur de réseau en mode « External source » pour avoir accès à son port de référence. Ainsi, le ratio du signal mesuré sur le signal de référence externe peut être obtenu. Une autre méthode de mesure, basée sur l'utilisation de l'analyseur de spectre est également présentée dans [18]. Cette technique repose sur l'utilisation d'un coupleur hybride 180° qui permet d'effectuer la somme du signal mesuré et d'un signal de référence. Afin de retrouver la phase, plusieurs configurations de mesure, suivies d'un traitement des données, sont nécessaires. Toutes ces étapes sont détaillées dans [18].

2. Les sondes de mesure en champ proche

Pour mesurer les champs émis, nous utilisons plusieurs sondes sensibles chacune à une certaine composante du champ rayonné. Les tensions captées aux bornes de ces sondes sont converties en champs électrique et magnétique (amplitude et phase) grâce à une méthode de calibrage.

A. Sonde électrique

Pour capter les composantes tangentielles du champ électrique (E_x ,E_y), la sonde est construite sous la forme d'un dipôle électrique. Elle est formée avec deux câbles coaxiaux adjacents. Chaque brin du dipôle a une longueur « $h/2$ » et provient du conducteur central des câbles coaxiaux.

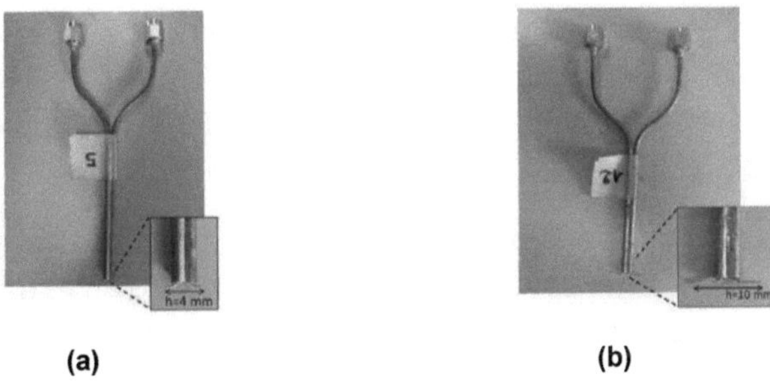

(a)   **(b)**

Figure 33 : Sondes électriques tangentielles (a) h=4mm (b) h=10mm

Le paramètre le plus influent pour cette topologie de capteur est la longueur du dipôle « *h* ». En effet, la tension aux bornes de la sonde est liée au champ électrique tangentiel par la relation suivante [19]:

$$V = -\int_{-h/2}^{h/2} \sin\left[k\left(\frac{h}{2} - |y'|\right)\right] E_y(y')dy' \tag{II. 1}$$

Où *k* est le nombre d'onde

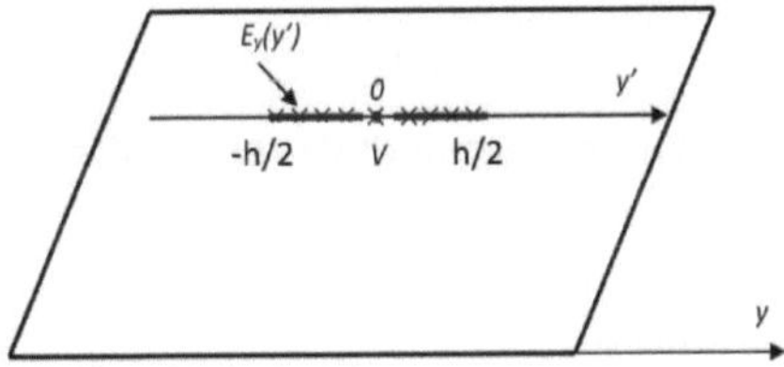

Figure 34 : Sonde dipôle éclectique

Cette relation montre que la sensibilité de ce capteur dépend de la longueur du dipôle. Dans la chaine de mesure, cette sonde est connectée à un coupleur hybride 180° permettant de transformer la tension différentielle entre les deux brins des deux câbles coaxiaux en tension en mode commun qui sera récupérée par l'instrument de mesure. L'orientation de la sonde par rapport aux axes « x »et « y » permet de détecter la composante tangentielle du champ électrique souhaitée (E_x ou E_y).

Pour mesurer la composante normale du champ électrique (E_z), nous utilisons une sonde monopôle. Il s'agit d'un câble coaxial d'impédance caractéristique 50 Ω en circuit ouvert. Le calibrage de ce type de sonde fait l'objet de plusieurs travaux de recherche [9], [68]. Différentes géométries peuvent exister. La Figure 35 présente quelques photos des sondes électriques normales.

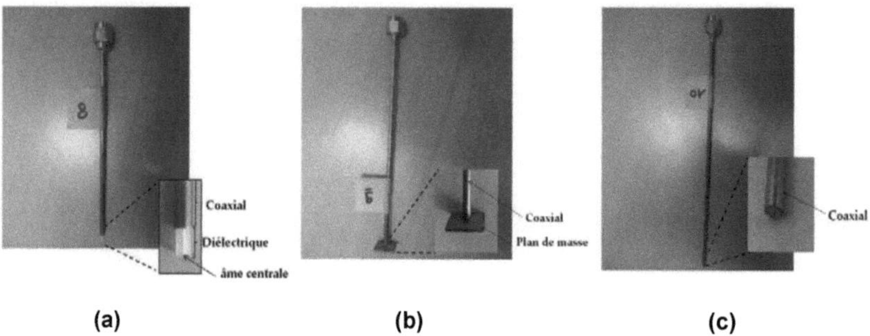

Figure 35 : Différentes configurations de sondes électriques normales

B. Sonde magnétique

Pour mesurer le champ magnétique, la sonde de mesure est équivalente à une boucle ayant une surface et un nombre de spires bien déterminés. Elle est réalisée à partir du conducteur central de deux ou d'un seul câble coaxial. Cela dépend de la fréquence de travail et du niveau du champ magnétique à mesurer.

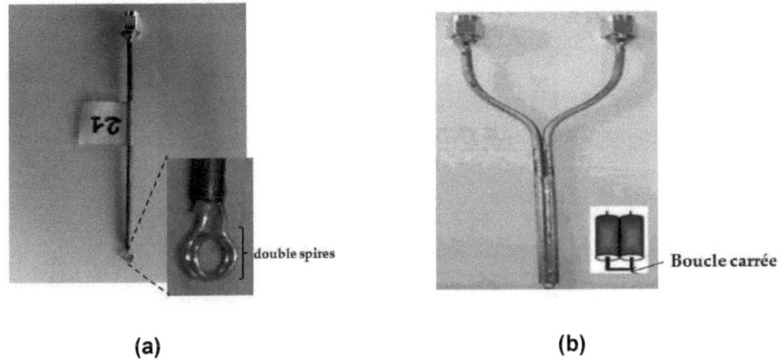

Figure 36 : Sondes magnétiques tangentielles. (a) Double boucle simple. (b) Boucle carrée différentielle

La boucle mesure le champ magnétique perpendiculaire à sa surface. Pour cette raison et pour mesurer la composante normale (H_z) du champ magnétique, les mêmes sondes, mais avec un coude de 90°, peuvent être utilisées.

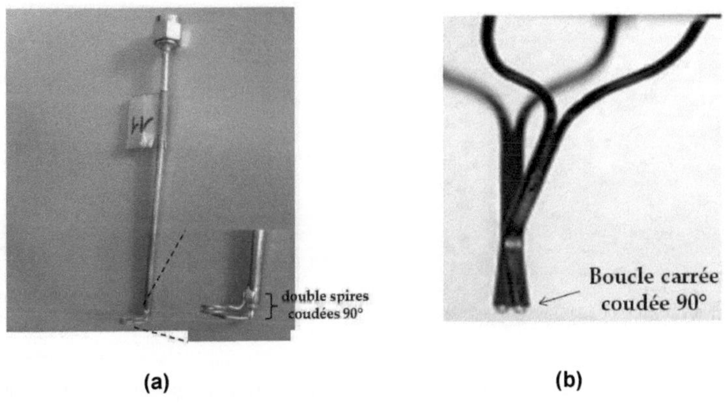

Figure 37 : Sondes magnétiques normales. (a) Double boucle simple. (b) Boucle carrée différentielle

C. Les grandeurs caractéristiques des sondes de mesure

Les auteurs dans [9] et [63] se sont basés sur différents critères pour définir les performances des sondes électrique et magnétique. Nous rappelons ces paramètres caractéristiques ci-dessous :

➢ Facteur d'antenne

Le facteur d'antenne (AF) représente le rapport entre le module du champ électrique/magnétique capté et le module de la tension mesurée aux bornes de la sonde.

$$AF(1/m) = \frac{\left|E(V/m)/H(A/m)\right|}{\left|V(V)\right|} \tag{II. 2}$$

Pour calculer ce paramètre, il faut évaluer le rapport entre la valeur théorique ou simulée du champ E ou H d'un circuit étalon et la tension mesurée par la sonde (V) dans sa bande de fréquence. Le calcul analytique du champ EM est déduit principalement du rayonnement d'un conducteur au-dessus d'un plan de masse (considéré comme un circuit étalon). Ce dernier est présenté dans la Figure 38.

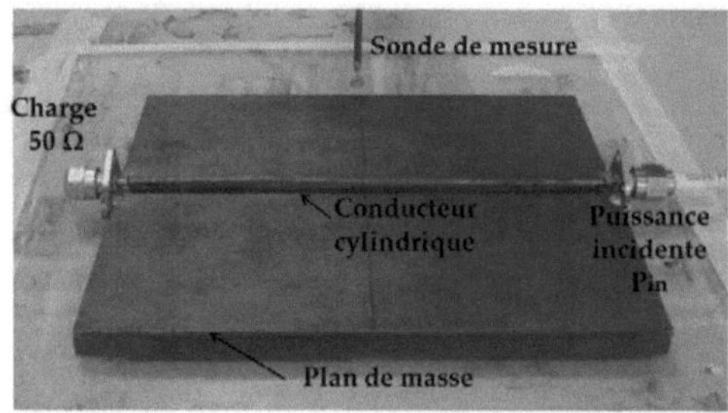

Figure 38 : Circuit étalon : conducteur cylindrique au dessus d'un plan de masse

Les expressions analytiques de ses différentes composantes EM sont fonction de ses paramètres géométriques et de la puissance injectée.

Il faut noter que le facteur d'antenne est une caractéristique propre à la sonde de mesure.

> **Sensibilité**

La sensibilité correspond au niveau minimum détectable de la grandeur mesurée. Cette grandeur est directement liée au facteur d'antenne de la sonde et au niveau de bruit de l'instrument de mesure. Il faut que la sonde présente une bonne sensibilité pour permettre la mesure des valeurs encore plus faibles du champ électrique ou magnétique.

D'une part, cette grandeur est proportionnellement liée aux dimensions géométriques de la sonde. D'autre part, la résolution spatiale est inversement proportionnelle à la taille de la sonde. Un compromis sensibilité/résolution spatiale doit donc être pris en considération lors de la conception de la sonde.

> **Résolution spatiale et encombrement**

La résolution spatiale représente la distance minimale entre deux sources adjacentes qu'une sonde de mesure peut dissocier. Ce paramètre est lié à la taille du capteur et à la distance le séparant du dispositif sous test (DST). Il faut que le capteur ait des dimensions les plus faibles possibles pour avoir une bonne résolution spatiale.

Plus ce paramètre est faible pour une sonde, plus elle sera capable de distinguer avec précision les champs émis au niveau de points de mesures mais cela se fait au détriment de sa sensibilité.

> **Sélectivité**

La sélectivité correspond au pouvoir séparateur de la sonde entre les composantes du champ électrique et/ou magnétique. En d'autres termes, elle représente l'aptitude d'une sonde à mesurer majoritairement une composante du champ EM à laquelle elle est destinée.

> **Bande de fréquence**

La bande de fréquences traduit la plage de fréquences dans laquelle la sonde doit être fonctionnelle [F_{min} -F_{max}]. Cette bande de fréquence est directement liée aux autres critères. En, effet, la valeur de la fréquence minimale F_{min} est déterminée par la sensibilité de la sonde de mesure alors que la valeur de la fréquence maximale F_{max} est fortement liée à la sélectivité.

Ces différents critères sont un peu contradictoires, ce qui rend parfois difficile de faire un compromis afin d'obtenir une solution acceptable permettant la réalisation de sondes de mesure appropriées à l'application souhaitée.

3. Méthode de calibrage de la chaine de mesure

Comme le montre la Figure 31, la technique de mesure en champ proche adoptée à l'IRSEEM est directe. En effet, elle est basée essentiellement sur l'utilisation de sondes de mesure sensibles aux différentes composantes des champs électrique et magnétique. Ces sondes permettent de mesurer le coefficient de transmission (S_{21}) quand elles sont connectées à un analyseur de réseau et une puissance dans le cas d'un analyseur de spectre. Ces deux grandeurs peuvent être facilement converties en tensions en utilisant les expressions (II. 3) et (II. 4) respectivement pour le cas d'un analyseur de réseau (V_{VNA}) et d'un analyseur de spectre (V_{AS}):

$$V_{VNA} = \sqrt{2.Z_c.(|S_{21}|.)^2.P_{in}(watt)}\,\exp(j.\arg(S_{21})) \qquad (\text{II. 3})$$

$$V_{AS} = \sqrt{2.Z_c.P_{captée}(watt)} \qquad (\text{II. 4})$$

avec :

- P_{in} est la valeur de la puissance d'excitation injectée par le VNA.
- $P_{captée}$ est la valeur de la puissance captée par l'analyseur de spectre connecté à la sonde de mesure champ proche.
- Z_c est l'impédance d'entrée de l'instrument de mesure (en général égale à 50 Ω).

Le calibrage consiste à trouver le facteur d'antenne de la chaine de mesure « AF » qui permet de relier la tension mesurée au champ capté par la sonde [64]. Pour ce faire, nous utilisons un circuit étalon dont nous connaissons les expressions des composantes tangentielles et normales de son champ EM rayonné. Il s'agit d'un conducteur cylindrique au dessus d'un plan de masse. La Figure 39 montre la photo du circuit étalon dans la chaine de calibrage ainsi que ses dimensions géométriques.

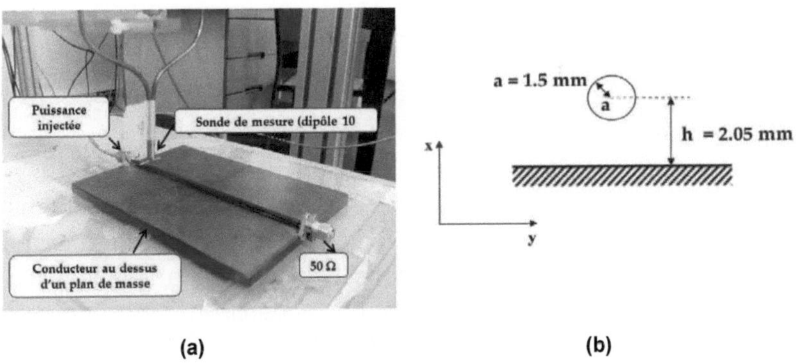

(a)   (b)

Figure 39 : Circuit de calibrage des sondes champ proche. (a) Photo du circuit. (b) Dimensions géométriques

Les composantes du champ EM théoriques rayonnées par cette structure à une distance « d » peuvent être aussi calculées en se référant aux équations (II. 5), (II. 6), (II. 7), (II. 8) et (II. 9) détaillées dans [63] et [69]. Ces expressions sont établies en considérant le conducteur comme étant une charge +Q au dessus de son plan de masse. La théorie des images est utilisée pour remplacer le plan de masse par une charge –Q positionnée à la même distance vis-à-vis de la charge +Q mais en opposition par rapport au plan de masse.

$$E_{y,theorique} = 8K \frac{yzn}{\left(y^2 + (z+n)^2\right)\left(y^2 + (z-n)^2\right)} \qquad \text{(II. 5)}$$

$$E_{z,theorique} = 4K \frac{n\left(y^2 - z^2 + n^2\right)}{\left(y^2 + (z+n)^2\right)\left(y^2 + (z-n)^2\right)} \qquad \text{(II. 6)}$$

$$H_{y,theorique} = -\frac{1}{\eta} E_z \qquad \text{(II. 7)}$$

$$H_{z,theorique} = \frac{1}{\eta} E_y \qquad \text{(II. 8)}$$

où

$$\eta = \sqrt{\frac{\mu_0}{\varepsilon_0}} \qquad\qquad n = \sqrt{h^2 - a^2} \qquad\qquad K = \frac{\sqrt{2PZ_c}}{ln\left(\frac{h+n}{h-n}\right)} \qquad \text{(II. 9)}$$

Une mesure du rayonnement EM à la même distance « d » au dessus du circuit étalon nous permet d'avoir la tension induite aux extrémités de la sonde utilisée ($V_{mesurée}$). Par conséquent le facteur d'antenne « AF » associé à chaque type de sonde (électrique ou magnétique, composante normale ou tangentielle) peut être alors calculé en se référant à l'équation (II. 10).

$$AF = \frac{\left|E_{theorique} / H_{theorique}\right|}{\left|V_{mesurée}\right|} \qquad \text{(II. 10)}$$

Ainsi, le champ mesuré d'un autre circuit peut être évalué (équation (II. 11))

$$E_{mesuré} / H_{mesuré} = AF_{(E/H)}.V_{mesurée(E/H)}$$

(II. 11)

Afin de valider le processus de calibrage pour chaque sonde, une compagne de mesure à différentes distances d_1, d_2...>d est effectuée. Les champs théoriques associés peuvent être calculés en se référant toujours aux équations (II. 5), (II. 6), (II. 7), (II. 8) et (II. 9) à la distance de mesure considérée. Ainsi, les champs mesurés à ces distances peuvent être obtenu en multipliant le facteur d'antenne par les tensions mesurées. La validation se fait alors en comparant les champs mesurés aux champs théoriques. La Figure 40 présente une comparaison, en amplitude et en phase, entre les valeurs théoriques et mesurées des composantes tangentielles/normales du champ magnétique à différentes distances au dessus du conducteur à la fréquence f= 10 MHz. Les sondes magnétiques utilisées sont celles présentées dans les Figure 36-(a) et Figure 37-(a) respectivement pour les composantes tangentielles et normales.

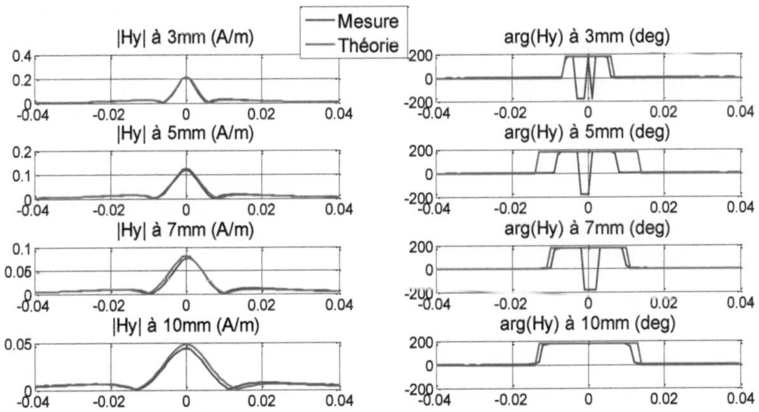

(a)   Coupes du rayonnement de la composante magnétique tangentielle

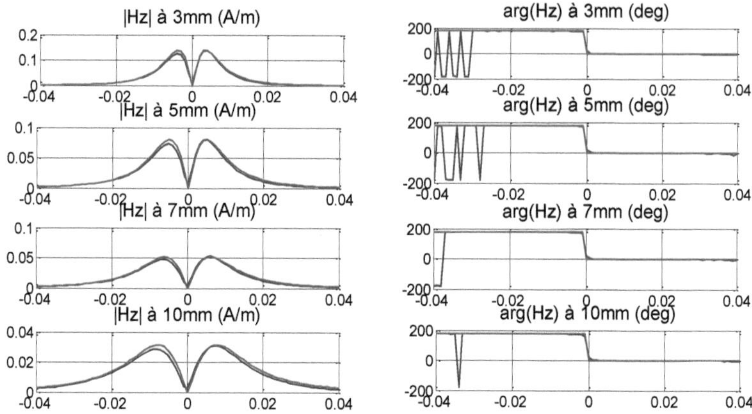

(b)   Coupes du rayonnement de la composante magnétique normale

Figure 40 : Coupes du rayonnement du champ H à la frequence f=10 MHz

La même comparaison, en amplitude et en phase, est effectuée pour les composantes tangentielles et normales du champ électrique à différentes distances au dessus du conducteur à la même fréquence f= 10 MHz. Les sondes électriques de mesure utilisées sont aussi celles présentées dans la Figure 33-(b) et la Figure 35-(a) respectivement pour les composantes tangentielles et normales.

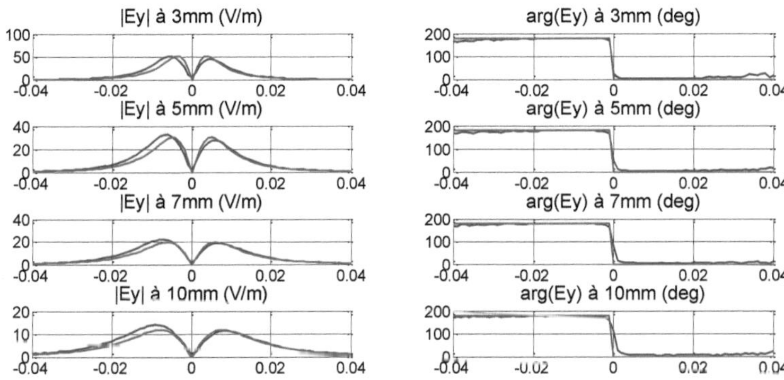

(a)   Coupes du rayonnement de la composante electrique tangentielle

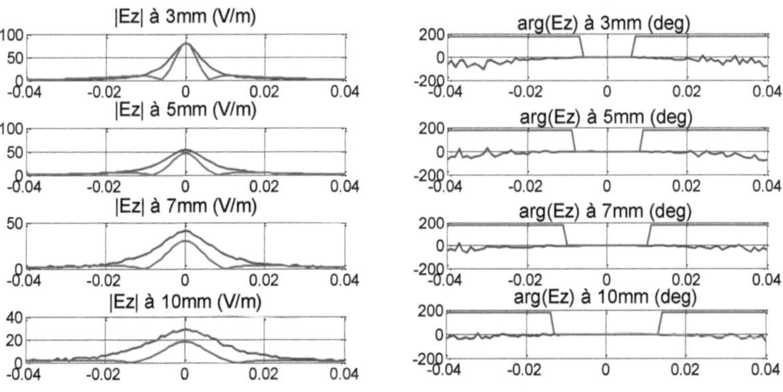

(b)   Coupes du rayonnement de la composante electrique normale

Figure 41 : Coupes du rayonnement du champ E à la frequence f=10 MHz

Les résultats de comparaison montrent que les sondes magnétiques (tangentielles et normales) à la fréquence 10 MHz conservent le profil des champs rayonnés à différentes distances au dessus du circuit étalon. Une bonne corrélation entre la mesure et la théorie peut être soulignée à l'exception de quelques sauts de phase de

$\pm 360°$ dus aux imprécisions de mesure. Ces sauts apparaissent notamment quand le champ détecté est très faible (proche de zéro). Nous retrouvons aussi une bonne concordance pour la composante tangentielle du champ électrique En revanche, les résultats de calibrage de la sonde électrique normale ne sont pas satisfaisants. En effet, une différence peut être clairement observée entre les champs électriques théorique et mesuré, en amplitude et phase. Cet écart peut être expliqué par l'effet du couplage parasite avec le conducteur extérieur de la sonde de mesure (Figure 35-(a)). Cette composante n'est pas nécessaire pour la construction du modèle d'émission 3D comme nous allons le détailler dans le chapitre III. Pour cette raison, nous nous n'intéressons pas aux résultats de calibrage de ce type de sonde.

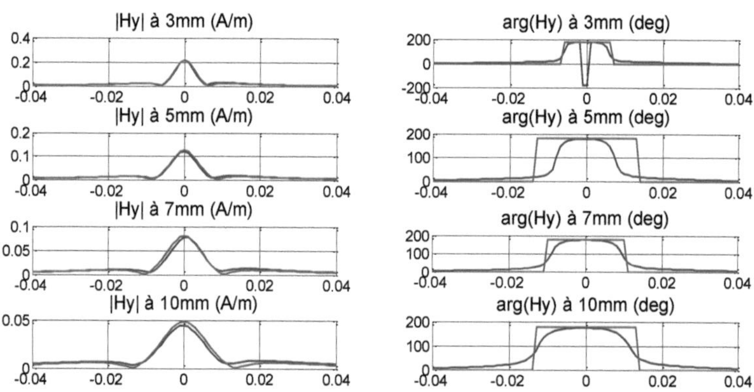

(a)   Coupes du rayonnement de la composante magnétique tangentielle

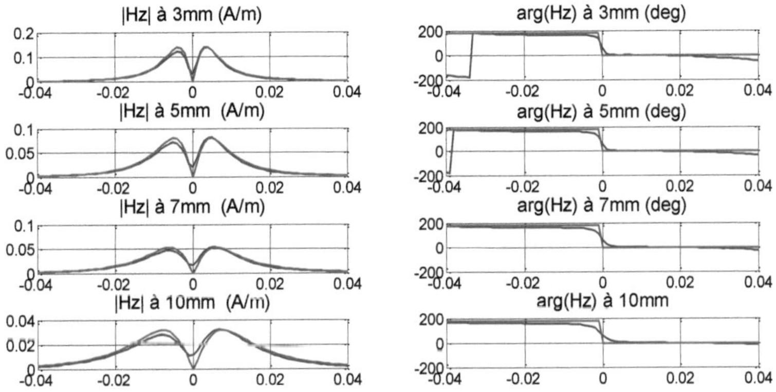

(b)   Coupes du rayonnement de la composante magnetique normale

Figure 42 : Coupes du rayonnement du champ H à la frequence f=99 MHz

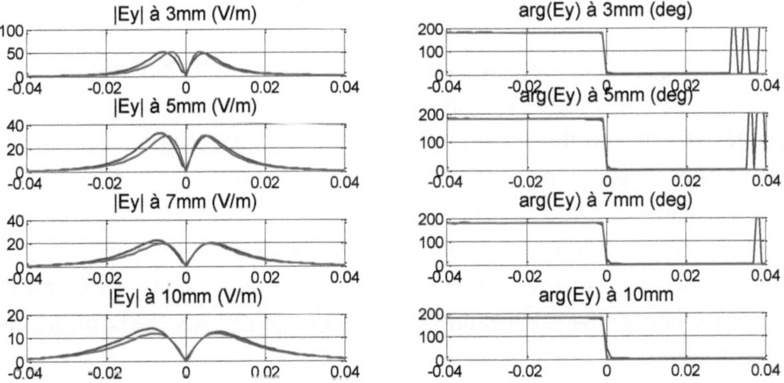

**Figure 43 : Coupes du rayonnement de la composante tangentielle du champ E
à la frequence f=99 MHz**

Un autre calibrage à une fréquence plus élevée f=99 MHz a été également effectué pour les mêmes sondes de mesure. La Figure 42 et la Figure 43 présentent les résultats de comparaison entre le champ EM mesuré et évalué théoriquement. Nous observons également que les sondes de mesure conservent le profil du champ théorique à la fréquence 99 MHz.

Pour les sondes magnétiques, le facteur d'antenne peut être évalué théoriquement en utilisant l'expression suivante :

$$AF = \frac{1}{j\omega\mu_0 S}$$

(II. 12)

Avec : -   S la surface de la boucle magnétique, il est à noter que la sonde magnétique est formée de deux spires.
-   $\omega = 2\pi f$ f étant la fréquence de travail.
-   μ_0 est la perméabilité du vide.

Les composantes tangentielle et normale du champ magnétique, rayonné par le même circuit étalon, sont alors calculées de deux manières différentes (facteur d'antenne théorique et facteur d'antenne obtenu par calibrage). La Figure 44. présente une comparaison entre le rayonnement magnétique théorique et mesuré pour les deux sondes magnétiques (Figure 36-(a) et Figure 37-(a)) à la distance 5 mm et à la fréquence f=30 MHz. Une bonne concordance entre les résultats de calibrage par les deux méthodes est retrouvée.

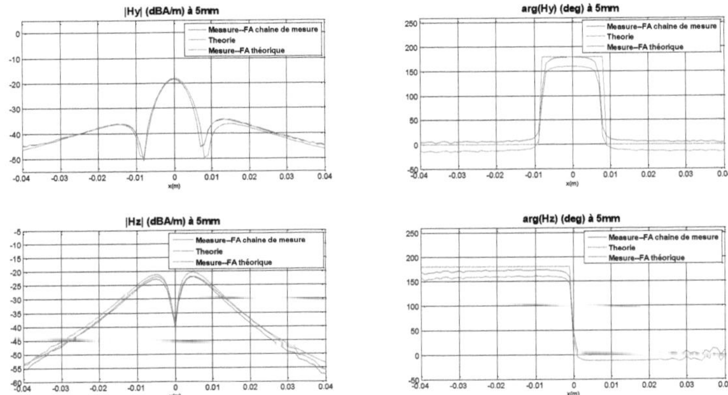

Figure 44 : Coupes du rayonnement des composantes tangentielle et normale du champ magnétique à 5mm et f=30MHz

Nous venons de présenter dans la section II une description détaillée de la technique de mesure champ proche adoptée à l'IRSEEM. Cette technique de mesure automatique permet d'obtenir le rayonnement des structures électroniques dans un plan parallèle au DST. En d'autres termes, elle permet de faire des mesures champ proche 2D. En revanche, pour le cas des structures électroniques présentant des formes géométriques 3D, cette technique de mesure devient limitée. Pour cette raison, nous avons pensé à apporter des améliorations afin de mettre en place un processus de mesure champ proche 3D.

Dans la section III, nous présentons dans un premier temps les limites de la technique de mesure 2D face au rayonnement 3D des structures électroniques. Dans un second temps, nous décrivons les améliorations apportées au banc champ proche pour effectuer une mesure 3D complètement automatisée.

III. Adaptation du banc champ proche pour une mesure 3D

1. La technique de mesure champ proche 2D

La Figure 31 présente le schéma synoptique du banc champ proche. En effet, comme évoqué précédemment, le déplacement des sondes de mesure, l'acquisition des données ainsi que la définition de la surface de scan sont commandés par un PC à travers une interface utilisateur développée sous Labwindows/CVI [70].

La Figure 45 présente l'interface développée pour la mesure champ proche 2D : l'interface principale et l'interface secondaire.

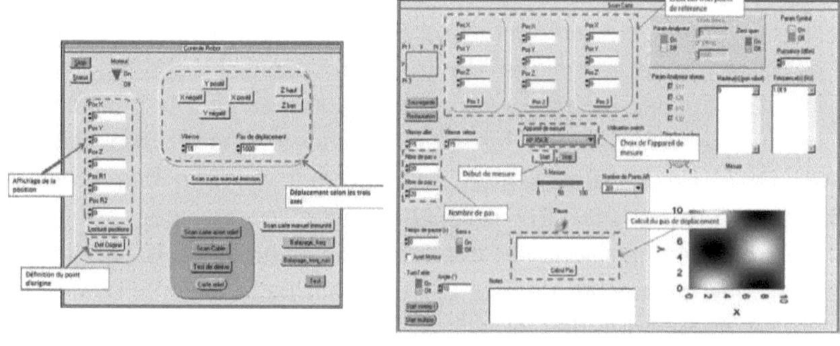

(a) Interface principale   (b) Interface secondaire

Figure 45 : Interface utilisateur pour la mesure champ proche 2D

L'interface principale permet d'afficher la position de la sonde de mesure et de définir une origine référentielle relative à la géométrie du DST. Elle permet également d'introduire le pas de déplacement selon les trois axes « x », « y » et « z ». L'interface secondaire permet principalement de :

- **Définir le plan de mesure.** Cette option permet de définir une surface de scan avec trois points de référence: P_1, P_2 et P_3, comme le montre la Figure 46

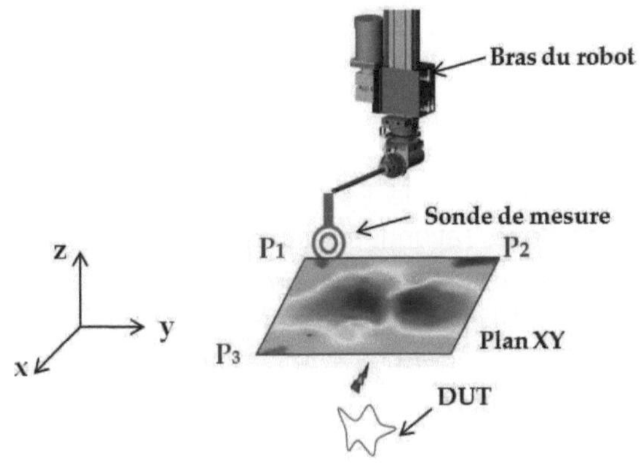

Figure 46 : Principe de la mesure 2D

- **Définir le nombre de pas de mesure.** Pour chaque direction un pas de mesure peut être défini. Le nombre de pas peut être ajusté par l'utilisateur selon la précision souhaitée.
- **Choisir l'appareil de mesure.** Une base de données à été définie comprenant les différents appareils de mesure qui existent à l'IRSEEM (analyseur de réseau ou analyseur de spectre). Par conséquent, les données de mesure (puissances ou coefficients de transmission) sont stockées selon une forme spécifique en fonction de l'appareil utilisé.
- **Définir les hauteurs des plans de mesure.** En se référant à l'origine déjà prédéfinie, une ou plusieurs distances au

dessus du DST peuvent être définies pour caractériser le rayonnement à ces hauteurs.

- **<u>Suivre l'évolution de la mesure</u>**. Cette fonction à été développée pour permettre à l'utilisateur de suivre l'avancement de la mesure directement à partir de l'interface secondaire.

2. Passage à une technique de mesure champ proche 3D

Pour le cas des composants électroniques planaires, la technique de mesure détaillée dans la section III.1 est largement suffisante pour caractériser leurs rayonnements EM total. En revanche, pour le cas des composants électroniques ayant des formes géométriques 3D, le rayonnement EM des différentes faces du DST doivent être pris en considération pour obtenir le champ EM total rayonné par le dispositif à caractériser. La Figure 47 présente les différentes faces qui entourent le DST en géométrie 3D.

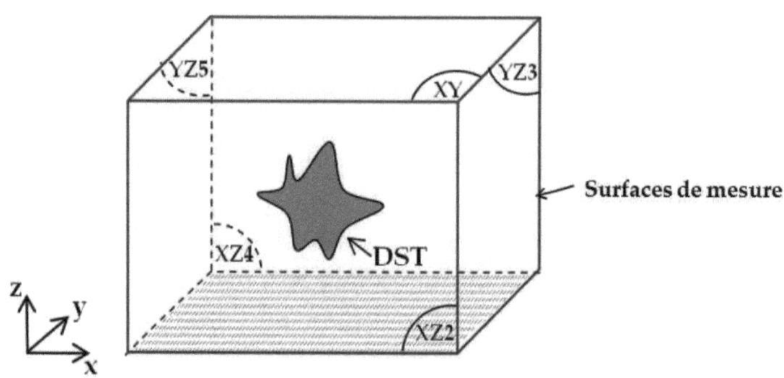

Figure 47 : Surfaces de mesure en 3D

Cinq faces sont à définir :

- Face XY : c'est la face supérieure (z>0)
- Face XZ2 : c'est la face latérale orthogonale à la direction « y » (y<0)
- FaceYZ3 : c'est la face latérale orthogonale à la direction « x » (x>0)
- Face XZ4 : c'est la face latérale orthogonale à la direction « y » (y>0)
- Face YZ5 : c'est la face latérale orthogonale à la direction « x »(x<0)

La sixième face (la face inferieure (z<0)) n'est pas prise en compte puisqu'elle se situe en général au dessous du plan de masse du DST. Par conséquent, son rayonnement EM total est souvent négligeable par rapport à la contribution des autres faces.

Afin de pouvoir effectuer un scan champ proche 3D avec la technique de mesure 2D traditionnelle, nous sommes obligés d'effectuer un balayage pour chacune des cinq faces. En conclusion, cinq mesures pour chaque composante du champ EM doivent être accomplies. Pour chaque face considérée, nous sommes amenés à définir manuellement trois points de référence (Figure 46) pour pouvoir lancer un scan automatique 2D. Par conséquent, des problèmes de discontinuités peuvent apparaitre entre les différentes faces puisque les mêmes points de référence pour deux faces adjacentes peuvent être légèrement différents. Ces problèmes de discontinuités peuvent jouer énormément sur la précision de calcul du rayonnement EM du DST sur les surfaces d'un volume plus grand : modélisation des émissions rayonnées 3D [71].

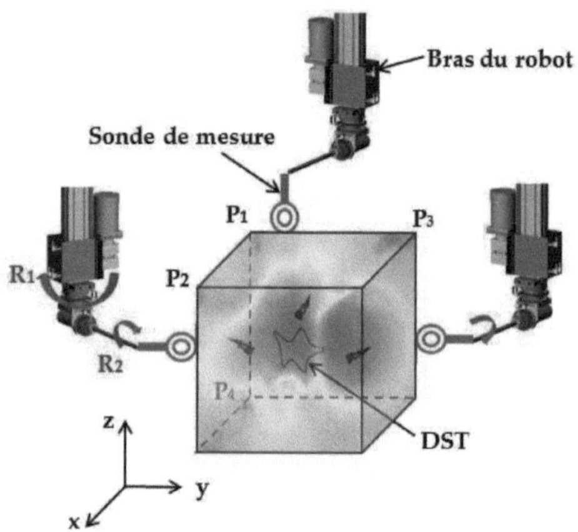

Figure 48 : Principe de la mesure 3D

Pour remédier à ce problème, nous avons apporté une évolution à la technique de mesure 2D pour pouvoir effectuer un scan automatique 3D. La Figure 48 décrit le principe de la mesure 3D. Cette dernière se fait sur les surfaces d'un volume parallélépipédique entourant le DST.

Pour effectuer une telle mesure, il faut tout d'abord définir les différentes faces du volume de mesure en choisissant un nombre suffisant de points de référence. En effet, comme précisé précédemment, la zone de scan 3D est formée de cinq surfaces adjacentes les unes aux autres. Par conséquent, quatre points de référence P_1, P_2, P_3 et P_4 sont nécessaires pour délimiter la zone de scan entourant le DST (Figure 48). Pour pouvoir balayer toutes les surfaces prédéfinies, des nouvelles sondes ont été fabriquées avec, cette fois-ci, un système de fixation mécanique comme le montre la Figure 49. Le but est de bien les maintenir au bras du robot lors des rotations dans les deux sens (R_1 et R_2) pour passer d'une surface à une autre.

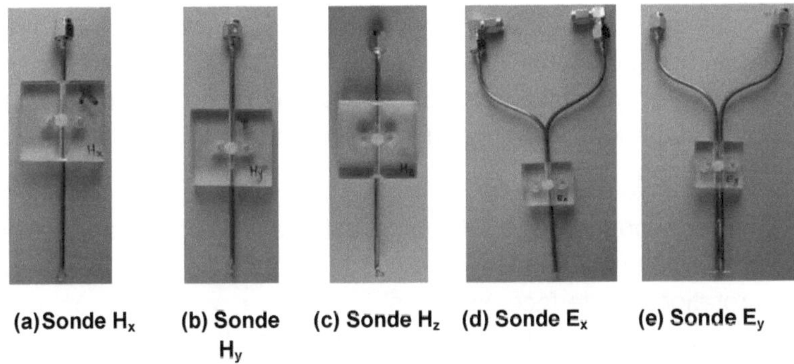

Figure 49 : Les sondes de mesure utilisées pour la mesure 3D

La même sonde peut mesurer plusieurs composantes en fonction de son emplacement par rapport à la surface de mesure. Le Tableau 1 résume les différentes composantes associées à chacune des sondes présentées sur la Figure 49.

Tableau 1 : Différentes composantes associées à chacune des sondes de mesure

	Face XY	Face XZ	Face YZ
Sonde H_x	Composante H_x	Composante H_x	Composante H_y
Sonde H_y	Composante H_y	Composante H_z	Composante H_z
Sonde H_z	Composante H_z	Composante H_y	Composante H_x
Sonde E_x	Composante E_x	Composante E_x	Composante E_y
Sonde E_y	Composante E_y	Composante E_z	Composante E_z
Sonde E_z	Composante E_z	Composante E_y	Composante E_x

Le programme de commande du robot et d'acquisition des données de mesure, développé sous Labwindows/CVI [70], a été amélioré pour pouvoir automatiser les deux rotations R_1 et R_2 et faire balayer automatiquement la sonde de mesure sur les surfaces de scan précisées par l'utilisateur.

L'interface principale a été améliorée en ajoutant la possibilité d'afficher la position relative de la sonde par rapport aux deux axes de rotation. L'interface secondaire a été aussi améliorée par le développement de différentes fonctions permettant la :

- **<u>Définition du volume de mesure:</u>** la nouvelle interface permet d'introduire les quatre points de référence délimitant les surfaces de mesure.

- **<u>Choix de la sonde :</u>** la nouvelle interface permet de sélectionner le type de la sonde de mesure utilisée afin de pouvoir prendre en considération ses dimensions géométriques lors des deux rotations R_1 et R_2. Pour cette raison, une base de données des différentes sondes présentées sur la Figure 49 a été créée.

- **<u>Définition d'autres volumes de mesure:</u>** la nouvelle interface permet de définir plusieurs volumes de mesure. Cela se fait par la définition de trois hauteurs par rapport à la position du premier volume de mesure et du DST selon les trois axes cartésiens (x,y,z). Cette option nous permet de lancer deux mesures successives (pour deux volumes) sans aucune intervention manuelle.

- **<u>Choix entre mesure 2D ou 3D :</u>** Cette option permet à l'utilisateur de choisir entre la possibilité d'effectuer une mesure en 2D ou en 3D selon le dispositif à caractériser.

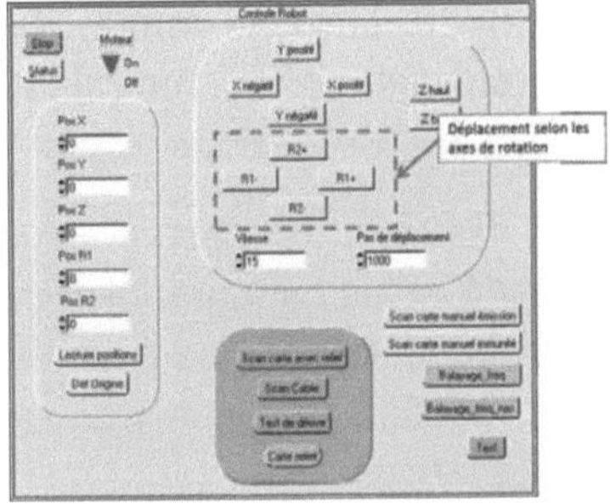 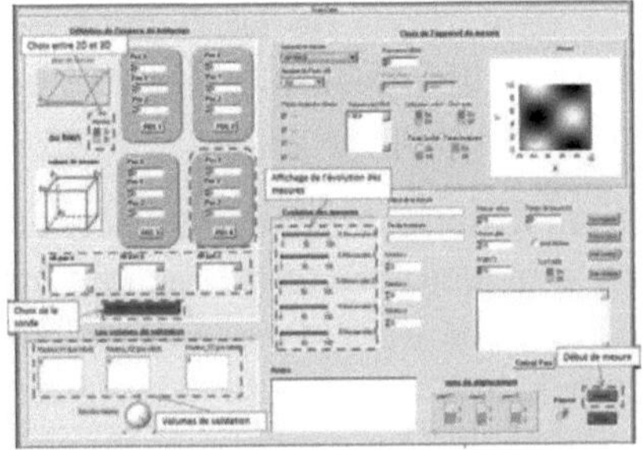

(a) Interface principale ameliorée   **(b) Interface secondaire ameliorée**

Figure 50 : Interface utilisateur ameliorée pour la mesure champ proche 3D

Cette nouvelle technique de mesure 3D a été appliquée pour mesurer le rayonnement magnétique d'un circuit sous test considéré comme un exemple d'illustration. Le DST est un arceau carré placé au dessus d'un plan de masse. La Figure 51 présente la photo du DST.

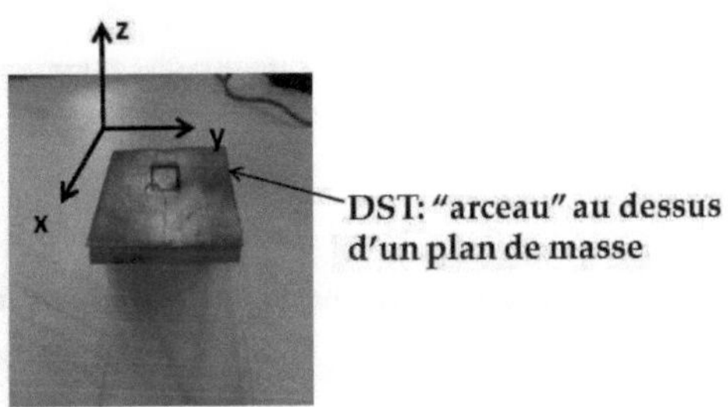

Figure 51 : Photo du DST

Les dimensions du DST étant : 30 mm(x)×30 mm(x)×4 mm(z). Le volume de mesure a les dimensions suivantes : 40 mm(x)×40 mm(x)×14 mm(z).

Nous faisons une comparaison entre les résultats de mesure issus de la mesure 3D complètement automatisée et les cartographies de la méthode traditionnelle 2D (cinq mesures indépendantes pour les cinq faces). La Figure 52 présente les résultats obtenus pour la composante tangentielle H_x du champ magnétique.

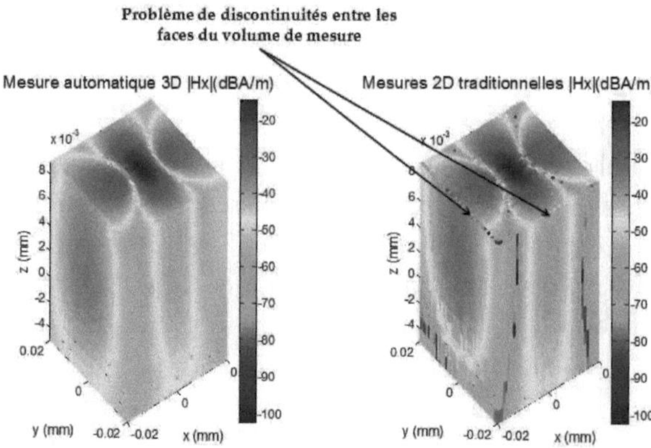

Figure 52 : Comparaison des résultats de mesure champ proche en automatique et en manuelle

Les résultats montrent que la nouvelle méthode de mesure apporte des améliorations remarquables pour remédier aux problèmes de discontinuités entre les différentes faces des cartographies champ proche 3D. Par conséquent, ces résultats offrent une meilleure précision pour la prédiction du rayonnement EM sur les surfaces d'autres volumes plus grands : modélisation des émissions rayonnées 3D

IV. Conclusion

Dans ce chapitre, nous nous sommes intéressés à la description de la technique de caractérisation en champ proche des dispositifs électroniques, utilisée à l'IRSEEM, Dans une première partie, nous avons exposé la technique de mesure champ proche 2D développée antérieurement à l'IRSEEM. Elle est basée sur l'utilisation d'un banc de mesure champ proche constitué d'un robot qui assure le déplacement des sondes de mesure (électrique et magnétique) et un PC qui assure l'acquisition des données depuis l'appareil de mesure (analyseur de réseau ou analyseur de spectre). Cette méthode est bien adaptée pour la caractérisation CEM des systèmes de dimensions géométriques très disparates allant d'un petit composant jusqu'au système électronique complet. Les grandeurs caractéristiques des différentes sondes de mesure ont été décrites. Ces dernières définissent les performances des sondes sur la bande des fréquences d'intérêt et par conséquent la crédibilité des résultats de mesure (coefficients de transmission S_{21} ou puissances). Ces derniers doivent être transformés en champs électriques et magnétiques mesurés. Pour ce faire, une méthode de calibrage doit être effectuée en se basant sur les expressions théoriques de rayonnements EM d'un circuit étalon (conducteur cylindrique au dessus d'un plan de masse) afin de calculer le facteur d'antenne de la chaine de mesure. Ce dernier peut être utilisé pour calculer le champ mesuré à partir de la tension affichée par l'appareil de mesure.

Dans la deuxième partie du chapitre, une nouvelle technique de mesure dite 3D complètement automatisée a été décrite. Cette mesure est très utile puisqu'elle permet d'obtenir le rayonnement sur les différentes faces entourant le DST. Elle permet également de remédier aux problèmes de discontinuités qui apparaissent entre les différentes surfaces en utilisant la méthode 2D traditionnelle. Ceci est d'une importance majeure pour prédire avec une meilleure précision le rayonnement électromagnétique sur les surfaces des volumes plus éloignés du DST. Cette procédure de modélisation sera présentée et détaillée dans le chapitre III.

Chapitre III :

Modélisation 3D des émissions rayonnées des structures électroniques

I. Introduction

La notion de modélisation des phénomènes physiques est très importante, notamment en CEM. En effet, modéliser le comportement EM rayonné des composants et circuits électroniques permet de fournir aux concepteurs un outil intéressant pour anticiper, dès les premières phases de conception, les problèmes CEM qui peuvent endommager le fonctionnement global d'un système complet. Eventuellement, l'association des sous-modèles CEM des composants électroniques d'une carte permet d'obtenir un modèle de cette carte. Pareillement, le rassemblement des modèles CEM type cartes électroniques permet d'élaborer au final un modèle CEM d'un système complet : c'est l'approche de modélisation « bottom-up » décrite sur la Figure 53.

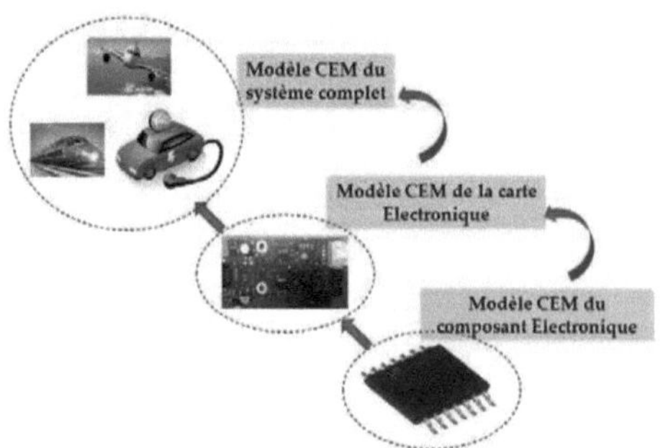

Figure 53 : Approche de modélisation « bottom-up »

Cette approche nous permet de mieux comprendre les phénomènes d'interférences électromagnétiques entre les différents constituants d'un système embarqué et d'y remédier durant les phases du projet par l'introduction des solutions CEM (filtres,...) ou tout simplement par un arrangement optimisé des dispositifs constituants le système complet.

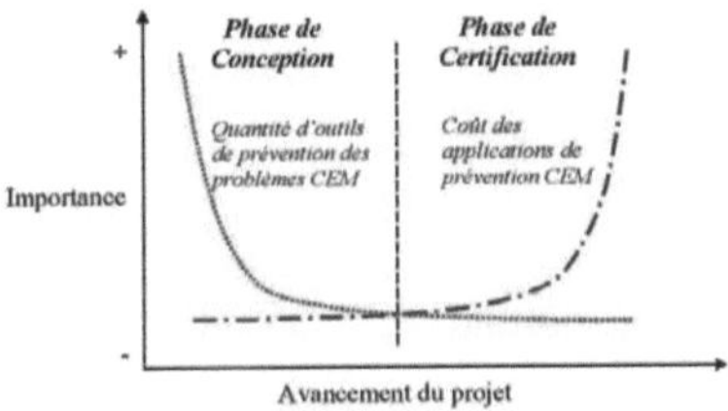

Figure 54 : Evolution du coût de prévention CEM en fonction de l'avancement du projet [18]

Par conséquent, les coûts de prévention CEM seront largement réduits par l'intégration des solutions CEM dans la conception des composants/cartes/systèmes (voir Figure 54). En outre, les performances des systèmes complets seront de plus en plus meilleures.

Différents modèles ont été développés pour prédire le rayonnement EM des DSTs, comme nous l'avons déjà évoqué dans le chapitre I. Ces modèles, appelés modèles 2D, permettent de prévoir le rayonnement dans des plans situés au dessus de la surface de caractérisation qui est prise en général au dessus du DST.

Vu la complexité et la diversité des formes géométriques 3D des composants intégrés dans les cartes électroniques et plus particulièrement dans les modules de l'électronique de puissance, la prédiction du rayonnement EM sur les faces latérales de ces composants devient nécessaire pour prédire avec précision les interférences EM avec d'autres structures ou interconnexions adjacentes. Pour ce faire, nous nous sommes intéressés à la modélisation du rayonnement EM en 3D dans le cas de dispositifs électroniques ayant des formes 3D. Ces modèles seront utilisés dans une deuxième étape pour une meilleure prédiction du couplage EM avec des interconnexions voisines. Cette étude fera l'objet du chapitre IV.

Dans ce chapitre, nous présentons tout d'abord le modèle d'émission 3D, la méthodologie de modélisation associée à la description du problème mathématique. Dans la deuxième partie, nous présentons des exemples d'application qui ont permis la validation des modèles 3D développés.

II. Modélisation 3D des émissions rayonnées

Dans la modélisation 3D des émissions rayonnées, nous tenons compte du rayonnement EM dans tout l'espace entourant le DST. Le modèle est construit par un ensemble de sources équivalentes qui rayonnent le même champ électrique et magnétique que le dispositif à caractériser. Dans cette partie, nous exposons le principe de modélisation avec la description mathématique associée permettant la détermination des paramètres du modèle.

1. Principe de l'approche 3D

Le principe de la modélisation 3D est principalement inspiré de l'approche 2D décrite dans le chapitre I, section III-1-C. En effet, le rayonnement EM du DST est modélisé par un réseau de dipôles électriques et magnétiques. Pour l'approche 2D, ces dipôles sont distribués sur une surface située à proximité du DST. Pour l'approche 3D, ils sont répartis sur les surfaces d'un volume délimitant les dimensions du DST (Figure 55). Ces sources équivalentes rayonnent le même champ EM que le DST sur les surfaces d'autres volumes plus grands.

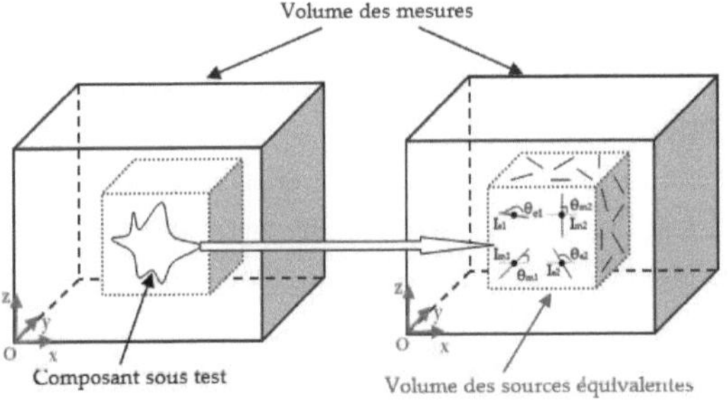

Figure 55 : Principe de l'approche de modélisation 3D

La représentation des différents paramètres de ces deux types de dipôles est exposée sur la Figure 56.

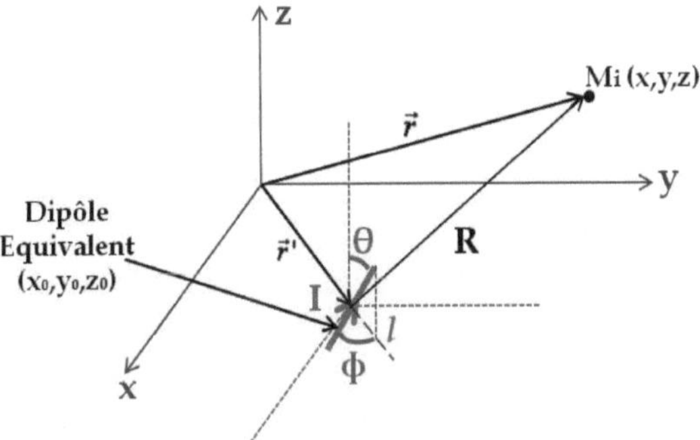

Figure 56 : Représentation d'un dipôle équivalent dans l'espace 3D

avec :

- $M_i\,(x, y, z)$ est le point d'observation où les différentes composantes du champ EM sont évaluées.
- (x_0, y_0, z_0) sont les coordonnées du centre du dipôle équivalent.

- *R* est la distance entre le point d'observation M_i et le centre du dipôle équivalent.
- *I* est le courant électrique ou magnétique qui parcourt le dipôle équivalent.
- *l* est la longueur du dipôle équivalent.
- ϕ est l'orientation du dipôle équivalent en azimut.
- θ est l'orientation du dipôle équivalent en élévation.

Le dipôle électrique est un élément de longueur l_e parcouru par un courant électrique I_e. De la même façon, le dipôle magnétique est un élément de longueur l_m parcouru par un courant magnétique I_m. Il est équivalent à une boucle magnétique de section *S* parcourue par un courant I_{ms} comme nous l'avons déjà mentionné dans le chapitre I, section III-1-C. L'expression qui relie les différents paramètres associés à la boucle et à l'élément de courant magnétique est présentée dans l'équation (I. 27).

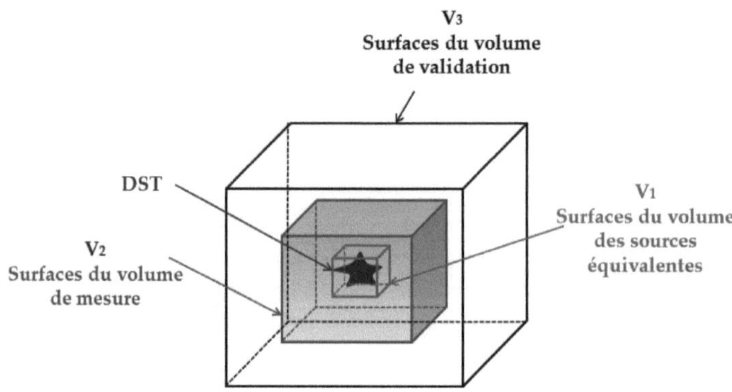

Figure 57 : Les différents volumes considérés dans l'approche de modélisation 3D

Les différents volumes retenus pour le développement et la validation de l'approche de modélisation 3D sont présentés sur la Figure 57. En effet, pour l'approche 3D, le rayonnement du DST est modélisé par un ensemble de dipôles électriques et magnétiques distribués sur les surfaces d'un premier volume V_1 : c'est le volume des sources équivalentes. Ce dernier est choisi de façon à ce que ses dimensions soient les plus petites possible pour utiliser un nombre réduit de dipôles. Pour ce faire, les dimensions de V_1 sont choisies de façon à correspondre aux dimensions géométriques du DST.

Pour déterminer l'ensemble des paramètres des dipôles répartis sur les surfaces de V_1, un autre volume V_2 est pris en considération. Ce dernier est appelé volume de mesure pour lequel les différentes composantes tangentielles mesurées du champ EM sont considérées comme données d'entrée du modèle 3D. Autrement dit, la détermination des inconnues du modèle 3D est accomplie à l'aide des cartographies du champ EM, en amplitude et phase, réalisées sur les surfaces de V_2.

Le dernier volume V_3 est appelé volume de validation. La validation s'effectue en comparant les composantes du champ EM rayonné par les sources équivalentes avec les composantes mesurées ou simulées sur les surfaces de ce volume. En cas d'une bonne corrélation en profil et en amplitude, le modèle peut être considéré comme validé. Dans le cas contraire, des améliorations doivent être apportées à la procédure de modélisation 3D pour recalculer les paramètres du modèle.

2. Description mathématique

La formulation mathématique du modèle est principalement inspirée des expressions du potentiel vecteur électrique $\vec{F}$ et du potentiel vecteur magnétique $\vec{A}$. Ces quantités sont évaluées à partir des densités de courant électrique J (I_e) et magnétique M (I_m) comme présenté dans le schéma block de la Figure 58 [19].

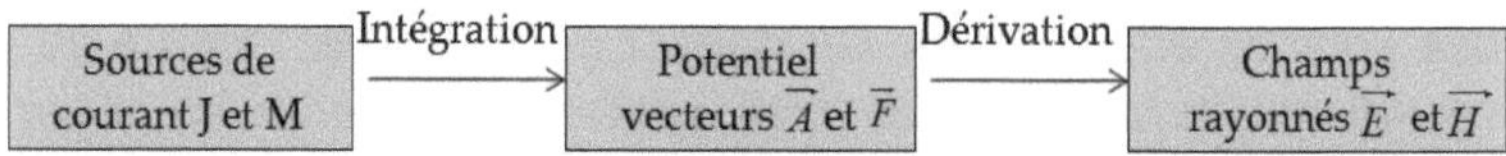

Figure 58 : Procédure d'évaluation du champ EM rayonné par des sources de courants

Ces expressions sont données par les équations (III. 1) et (III. 2).

$$\vec{A}(x,y,z) = \frac{\mu}{4\pi} \int_l \vec{I_e}(x',y',z') \frac{e^{-jkr}}{r} dl \qquad \text{(III. 1)}$$

$$\vec{F}(x,y,z) = \frac{\varepsilon}{4\pi} \int_l \vec{I_m}(x',y',z') \frac{e^{-jkr}}{r} dl \qquad \text{(III. 2)}$$

où

- (x,y,z) sont les coordonnées du point d'observation M_i pour lequel le potentiel vecteur est évalué.
- (x',y',z') sont les coordonnées d'un point de la source de courant I_e ou I_m
- dl est l'élément d'intégration le long de la source de courant.
- μ est la perméabilité du milieu.
- ε est la permittivité du milieu.
- r est la distance entre le point d'observation et un point de la source de courant. Cette quantité est évaluée en utilisant l'approximation (III. 3). En effet, pour le cas d'un dipôle infinitésimal (longueur <<λ et largeur <<λ), la distance entre un point M_i et un point du dipôle (x',y',z') peut être approximée par

la distance entre *Mi* et le centre du dipôle considéré (x_0, y_0, z_0).
Ainsi, le courant I_e ou I_m peut être considéré constant.

$$r = \sqrt{(x-x')^2 + (y-y')^2 + (z-z')^2} \approx \sqrt{(x-x_0)^2 + (y-y_0)^2 + (z-z_0)^2} = R = cons\tan te \qquad \text{(III. 3)}$$

Comme présenté sur la Figure 58, les champs électriques $\vec{E_A}$ et $\vec{E_F}$ ainsi que les champs magnétiques $\vec{H_A}$ et $\vec{H_F}$ obtenus respectivement à partir des vecteurs potentiels magnétique et électrique peuvent être donnés par les équations (III. 4), (III. 5), (III. 6 et (III. 7) [33].

$$\vec{H}_A = \frac{1}{\mu}\vec{\nabla} \times \vec{A} \qquad \text{(III. 4)}$$

$$\vec{H}_F = j\frac{1}{\omega\mu}\vec{\nabla} \times \vec{E}_F \qquad \text{(III. 5)}$$

$$\vec{E}_A = \frac{1}{j\omega\varepsilon}\vec{\nabla} \times \vec{H}_A \qquad \text{(III. 6)}$$

$$\vec{E}_F = -\frac{1}{\varepsilon}\vec{\nabla} \times \vec{F} \qquad \text{(III. 7)}$$

Ainsi, les expressions des différentes composantes des champs électrique et magnétique rayonnés par un dipôle électrique ($E_{A,x}$, $E_{A,y}$, $E_{A,z}$ $H_{A,x}$, $H_{A,y}$ et $H_{A,z}$) sont exprimées dans (III. 8)-(III. 13). Les composantes rayonnées par un dipôle magnétique ($E_{F,x}$, $E_{F,y}$, $E_{F,z}$, $H_{F,x}$, $H_{F,y}$ et $H_{F,z}$) sont formulées dans (III. 14)-(III. 19).

$$E_{A,x} = \frac{k^2}{j\omega\varepsilon}\frac{I_e l_e}{4\pi R^3}e^{-jkR}\left\{ R^2 \sin\theta_e \cos\phi_e \left(1 - \frac{j}{kR} - \frac{1}{(kR)^2}\right) \right.$$
$$\left. - (x-x_0)\left(1 - j\frac{3}{kR} - \frac{3}{(kR)^2}\right)[(x-x_0)\sin\theta_e \cos\phi_e + (y-y_0)\sin\theta_e \sin\phi_e + (z-z_0)\cos\theta_e] \right\} \qquad \text{(III. 8)}$$

$$E_{A,y} = \frac{k^2}{j\omega\varepsilon} \frac{I_e l_e}{4\pi R^3} e^{-jkR} \left\{ R^2 \sin\theta_e \sin\phi_e \left(1 - \frac{j}{kR} - \frac{1}{(kR)^2}\right) \right.$$
$$\left. -(y-y_0)\left(1 - j\frac{3}{kR} - \frac{3}{(kR)^2}\right)\left[(x-x_0)\sin\theta_e\cos\phi_e + (y-y_0)\sin\theta_e\sin\phi_e + (z-z_0)\cos\theta_e\right]\right\} \quad \text{(III. 9)}$$

$$E_{A,z} = \frac{k^2}{j\omega\varepsilon} \frac{I_e l_e}{4\pi R^3} e^{-jkR} \left\{ R^2 \cos\theta_e \left(1 - \frac{j}{kR} - \frac{1}{(kR)^2}\right) \right. \quad \text{(III. 10)}$$
$$\left. -(z-z_0)\left(1 - j\frac{3}{kR} - \frac{3}{(kR)^2}\right)\left[(x-x_0)\sin\theta_e\cos\phi_e + (y-y_0)\sin\theta_e\sin\phi_e + (z-z_0)\cos\theta_e\right]\right\}$$

$$H_{A,x} = -\frac{I_e l_e}{4\pi R^3}(1+jkR)e^{-jkR}\left[(y-y_0)\cos\theta_e - (z-z_0)\sin\theta_e\sin\phi_e\right] \quad \text{(III. 11)}$$

$$H_{A,y} = -\frac{I_e l_e}{4\pi R^3}(1+jkR)e^{-jkR}\left[(z-z_0)\sin\theta_e\cos\phi_e - (x-x_0)\cos\theta_e\right] \quad \text{(III. 12)}$$

$$H_{A,z} = -\frac{I_e l_e}{4\pi R^3}(1+jkR)e^{-jkR}\sin\theta_e\left[(x-x_0)\sin\phi_e - (y-y_0)\cos\phi_e\right] \quad \text{(III. 13)}$$

$$E_{F,x} \frac{I_m l_m}{4\pi R^3}(1+jkR)e^{-jkR}\left[(y-y_0)\cos\theta_m - (z-z_0)\sin\theta_m\sin\phi_m\right] \quad \text{(III. 14)}$$

$$E_{F,y} = \frac{I_m l_m}{4\pi R^3}(1+jkR)e^{-jkR}\left[(z-z_0)\sin\theta_m\cos\phi_m - (x-x_0)\cos\theta_m\right] \quad \text{(III. 15)}$$

$$E_{F,z} \frac{I_m l_m}{4\pi R^3}(1+jkR)e^{-jkR}\sin\theta_m\left[(x-x_0)\sin\phi_m - (y-y_0)\cos\phi_m\right] \quad \text{(III. 16)}$$

$$H_{F,x} = \frac{k^2}{j\omega\mu} \frac{I_m l_m}{4\pi R^3} e^{-jkR} \left\{ R^2 \sin\theta_m \cos\phi_m \left(1 - \frac{j}{kR} - \frac{1}{(kR)^2}\right) \right.$$
$$\left. -(x-x_0)\left(1 - j\frac{3}{kR} - \frac{3}{(kR)^2}\right)\left[(x-x_0)\sin\theta_m\cos\phi_m + (y-y_0)\sin\theta_m\sin\phi_m + (z-z_0)\cos\theta_m\right]\right\} \quad \text{(III. 17)}$$

$$H_{F,y} = \frac{k^2}{j\omega\mu}\frac{I_m l_m}{4\pi R^3} e^{-jkR}\left\{ R^2 \sin\theta_m \sin\phi_m \left(1 - \frac{j}{kR} - \frac{1}{(kR)^2}\right)\right.$$

$$\left. -(y-y_0)\left(1 - j\frac{3}{kR} - \frac{3}{(kR)^2}\right)\left[(x-x_0)\sin\theta_m \cos\phi_m + (y-y_0)\sin\theta_m \sin\phi_m + (z-z_0)\cos\theta_m\right]\right\}$$

(III. 18)

$$H_{F,z} = \frac{k^2}{j\omega\mu}\frac{I_m l_m}{4\pi R^3} e^{-jkR}\left\{ R^2 \cos\theta_m \left(1 - \frac{j}{kR} - \frac{1}{(kR)^2}\right)\right.$$

$$\left. -(z-z_0)\left(1 - j\frac{3}{kR} - \frac{3}{(kR)^2}\right)\left[(x-x_0)\sin\theta_m \cos\phi_m + (y-y_0)\sin\theta_m \sin\phi_m + (z-z_0)\cos\theta_m\right]\right\}$$

(III. 19)

Pour l'approche de modélisation, certains paramètres sont fixés par l'utilisateur : fréquence de fonctionnement f, longueurs l_e et l_m, positions des centres (x_0, y_0, z_0) respectivement pour les dipôles électriques et magnétiques. Ainsi, pour chaque fréquence, un modèle rayonné peut être développé pour traduire le comportement EM en champ proche rayonné du DST.

Les paramètres à déterminer sont les courants I_e et I_m, les orientations en élévation (θ_e et θ_m), les orientations en azimut (ϕ_e et ϕ_m) respectivement pour les deux types de sources électriques et magnétiques. Par conséquent, les équations (III. 8)-(III. 19) peuvent être exprimées sous une forme plus simplifiée faisant mieux apparaitre les inconnues et les paramètres fixes.

$$\begin{cases} E_{A,x} = \alpha^E_{A,x}\cdot\{\cos\phi_e \cdot \sin\theta_e \cdot I_e\} + \beta^E_{A,x}\cdot\{\sin\phi_e \cdot \sin\theta_e \cdot I_e\} + \gamma^E_{A,x}\cdot\{\cos\theta_e \cdot I_e\} \\ E_{A,y} = \alpha^E_{A,y}\cdot\{\cos\phi_e \cdot \sin\theta_e \cdot I_e\} + \beta^E_{A,y}\cdot\{\sin\phi_e \cdot \sin\theta_e \cdot I_e\} + \gamma^E_{A,y}\cdot\{\cos\theta_e \cdot I_e\} \\ E_{A,z} = \alpha^E_{A,z}\cdot\{\cos\phi_e \cdot \sin\theta_e \cdot I_e\} + \beta^E_{A,z}\cdot\{\sin\phi_e \cdot \sin\theta_e \cdot I_e\} + \gamma^E_{A,z}\cdot\{\cos\theta_e \cdot I_e\} \end{cases}$$

(III.20)

$$\begin{cases} E_{F,x} = 0\cdot\{\cos\phi_m \cdot \sin\theta_m \cdot I_m\} + \beta^E_{F,x}\cdot\{\sin\phi_m \cdot \sin\theta_m \cdot I_m\} + \gamma^E_{F,x}\cdot\{\cos\theta_m \cdot I_m\} \\ E_{F,y} = \alpha^E_{F,y}\cdot\{\cos\phi_m \cdot \sin\theta_m \cdot I_m\} + 0\cdot\{\sin\phi_m \cdot \sin\theta_m \cdot I_m\} + \gamma^E_{F,y}\cdot\{\cos\theta_m \cdot I_m\} \\ E_{F,z} = \alpha^E_{F,z}\cdot\{\cos\phi_m \cdot \sin\theta_m \cdot I_m\} + \beta^E_{F,z}\cdot\{\sin\phi_m \cdot \sin\theta_m \cdot I_m\} + 0\cdot\{\cos\theta_m \cdot I_m\} \end{cases}$$

(III. 21)

$$\begin{cases} H_{A,x} = 0 \cdot \{\cos\phi_e \cdot \sin\theta_e \cdot I_e\} + \beta^H{}_{A,x} \cdot \{\sin\phi_e \cdot \sin\theta_e \cdot I_e\} + \gamma^H{}_{A,x} \cdot \{\cos\theta_e \cdot I_e\} \\ H_{A,y} = \alpha^H{}_{A,y} \cdot \{\cos\phi_e \cdot \sin\theta_e \cdot I_e\} + 0 \cdot \{\sin\phi_e \cdot \sin\theta_e \cdot I_e\} + \gamma^H{}_{A,y} \cdot \{\cos\theta_e \cdot I_e\} \\ H_{A,z} = \alpha^H{}_{A,z} \cdot \{\cos\phi_e \cdot \sin\theta_e \cdot I_e\} + \beta^H{}_{A,z} \cdot \{\sin\phi_e \cdot \sin\theta_e \cdot I_e\} + 0 \cdot \{\cos\theta_e \cdot I_e\} \end{cases} \qquad \text{(III. 22)}$$

$$\begin{cases} H_{F,x} = \alpha^H{}_{F,x} \cdot \{\cos\phi_m \cdot \sin\theta_m \cdot I_m\} + \beta^H{}_{F,x} \cdot \{\sin\phi_m \cdot \sin\theta_m \cdot I_m\} + \gamma^H{}_{F,x} \cdot \{\cos\theta_m \cdot I_m\} \\ H_{F,y} = \alpha^H{}_{F,y} \cdot \{\cos\phi_m \cdot \sin\theta_m \cdot I_m\} + \beta^H{}_{F,y} \cdot \{\sin\phi_m \cdot \sin\theta_m \cdot I_m\} + \gamma^H{}_{F,y} \cdot \{\cos\theta_m \cdot I_m\} \\ H_{F,z} = \alpha^H{}_{F,z} \cdot \{\cos\phi_m \cdot \sin\theta_m \cdot I_m\} + \beta^H{}_{F,z} \cdot \{\sin\phi_m \cdot \sin\theta_m \cdot I_m\} + \gamma^H{}_{F,z} \cdot \{\cos\theta_m \cdot I_m\} \end{cases} \qquad \text{(III. 23)}$$

où : $\alpha^i{}_{A,j}, \beta^i{}_{A,j}, \gamma^i{}_{A,j}$, $i=\{E,H\}$ et $j=\{x,y,z\}$, sont des coefficients dépendant des paramètres fixes du modèle, classés selon le type de dipôle (électrique ou magnétique) et la composante du champ EM rayonnée (x,y,z).

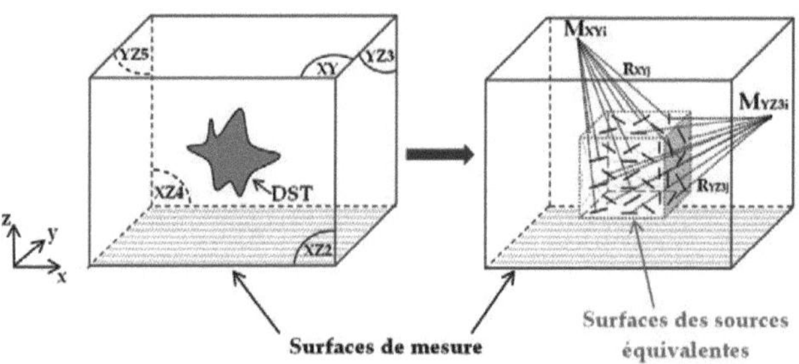

Figure 59 : Rayonnement du modèle dipôle 3D

En un point d'observation M_i(x,y,z), le champ total est la contribution des deux types de sources (Figure 59). Ainsi, les différentes composantes du champ EM sont évaluées en considérant la contribution de tout le réseau de dipôles. Par conséquent, leurs expressions sont données par les équations (III. 24) et (III. 25).

$$\left\{ \begin{array}{l} E_x(x,y,z) = \sum_{i=1}^{De} E_{A,x,i}(x,y,z) + \sum_{j=1}^{Dm} E_{F,x,j}(x,y,z) \\[2ex] E_y(x,y,z) = \sum_{i=1}^{De} E_{A,y,i}(x,y,z) + \sum_{j=1}^{Dm} E_{F,y,j}(x,y,z) \\[2ex] E_z(x,y,z) = \sum_{i=1}^{De} E_{A,z,i}(x,y,z) + \sum_{j=1}^{Dm} E_{F,z,j}(x,y,z) \end{array} \right. \qquad \text{(III. 24)}$$

$$\left\{ \begin{array}{l} H_x(x,y,z) = \sum_{i=1}^{De} H_{A,x,i}(x,y,z) + \sum_{j=1}^{Dm} H_{F,x,j}(x,y,z) \\[2ex] H_y(x,y,z) = \sum_{i=1}^{De} H_{A,y,i}(x,y,z) + \sum_{j=1}^{Dm} H_{F,y,j}(x,y,z) \\[2ex] H_z(x,y,z) = \sum_{i=1}^{De} H_{A,z,i}(x,y,z) + \sum_{j=1}^{Dm} H_{F,z,j}(x,y,z) \end{array} \right. \qquad \text{(III. 25)}$$

avec D_e et D_m sont respectivement le nombre des dipôles électriques et magnétiques retenus pour le modèle 3D.

Au final, la formulation mathématique du modèle peut se résumer sous la forme matricielle décrite dans (III. 26).

$$
\begin{bmatrix}
\begin{bmatrix} H_x \\ H_y \end{bmatrix}_{XY} \\[4pt]
\begin{bmatrix} H_{x2} \\ H_{z2} \end{bmatrix}_{XZ2} \\[4pt]
\begin{bmatrix} H_{y3} \\ H_{z3} \end{bmatrix}_{YZ3} \\[4pt]
\begin{bmatrix} H_{x4} \\ H_{z4} \end{bmatrix}_{XZ4} \\[4pt]
\begin{bmatrix} H_{y5} \\ H_{z5} \end{bmatrix}_{YZ5} \\[4pt]
\begin{bmatrix} E_x \\ E_y \end{bmatrix}_{XY} \\[4pt]
\begin{bmatrix} E_{x2} \\ E_{z2} \end{bmatrix}_{XZ2} \\[4pt]
\begin{bmatrix} E_{y3} \\ E_{z3} \end{bmatrix}_{YZ3} \\[4pt]
\begin{bmatrix} E_{x4} \\ E_{z4} \end{bmatrix}_{XZ4} \\[4pt]
\begin{bmatrix} E_{y5} \\ E_{z5} \end{bmatrix}_{YZ5}
\end{bmatrix}_{r\times 1}
=
\begin{pmatrix}
\alpha_{1,1} & \cdots & \alpha_{1,s} \\
\vdots & \ddots & \vdots \\
\alpha_{r,1} & \cdots & \alpha_{r,s}
\end{pmatrix}_{r\times s}
\begin{bmatrix}
\begin{bmatrix} I_e \sin\theta_e \sin\phi_e \\ I_e \sin\theta_e \cos\phi_e \end{bmatrix}_{XY,\theta_e=\pi/2} \\[4pt]
\begin{bmatrix} I_e \sin\theta_e \cos\phi_e \\ I_e \cos\theta_e \end{bmatrix}_{XZ2,\phi_e=0} \\[4pt]
\begin{bmatrix} I_e \sin\theta_e \sin\phi_e \\ I_e \cos\theta_e \end{bmatrix}_{YZ3,\phi_e=\pi/2} \\[4pt]
\begin{bmatrix} I_e \sin\theta_e \cos\phi_e \\ I_e \cos\theta_e \end{bmatrix}_{XZ4,\phi_e=0} \\[4pt]
\begin{bmatrix} I_e \sin\theta_e \sin\phi_e \\ I_e \cos\theta_e \end{bmatrix}_{YZ5,\phi_e=\pi/2} \\[4pt]
\begin{bmatrix} I_m \sin\theta_m \sin\phi_m \\ I_m \sin\theta_m \cos\phi_m \end{bmatrix}_{XY,\theta_m=\pi/2} \\[4pt]
\begin{bmatrix} I_m \sin\theta_m \cos\phi_m \\ I_m \cos\theta_m \end{bmatrix}_{XZ2,\phi_m=0} \\[4pt]
\begin{bmatrix} I_m \sin\theta_m \sin\phi_m \\ I_m \cos\theta_m \end{bmatrix}_{YZ3,\phi_m=\pi/2} \\[4pt]
\begin{bmatrix} I_m \sin\theta_m \cos\phi_m \\ I_m \cos\theta_m \end{bmatrix}_{XZ4,\phi_m=0} \\[4pt]
\begin{bmatrix} I_m \sin\theta_m \sin\phi_m \\ I_m \cos\theta_m \end{bmatrix}_{YZ5,\phi_m=\pi/2}
\end{bmatrix}_{s\times 1}
\qquad \text{(III. 26)}
$$

Où : (r/4) est le nombre de points où les différentes composantes tangentielles du champ EM sont mesurées, les éléments de la matrice (α_{ij}) sont des constantes qui dépendent des paramètres prédéfinis du modèle et (s/2) est le nombre total des dipôles distribués sur les surfaces de V_1 (Figure 57).

D'après l'équation (III. 26), nous remarquons que les orientations en élévation (θ_e et θ_m) et en azimut (ϕ_e et ϕ_m) peuvent être fixées selon le plan de mesure (Figure 59):

> <u>Plan XY</u> : $\theta_e = \theta_m = 0$, les courants (I_e, I_m) et les orientations (ϕ_e, ϕ_m) sont les paramètres à déterminer.

- ➢ <u>Plan XZ2</u> : $\phi_e = \phi_m = 0$, les courants (I_e , I_m) et les orientations (θ_e , θ_m) sont les paramètres à déterminer.
- ➢ <u>Plan YZ3</u> : $\phi_e = \phi_m = \pi/2$, les courants (I_e , I_m) et les orientations (θ_e , θ_m) sont les paramètres à déterminer.
- ➢ <u>Plan XZ4</u> : $\phi_e = \phi_m = 0$, les courants (I_e , I_m) et les orientations (θ_e , θ_m) sont les paramètres à déterminer.
- ➢ <u>Plan YZ5</u> : $\phi_e = \phi_m = \pi/2$, les courants (I_e , I_m) et les orientations (θ_e , θ_m) sont les paramètres à déterminer.

3. Résolution mathématique

La forme matricielle illustrée dans (III. 26) décrit un problème inverse de la forme $[E,H]_{r\times 1} = [\alpha]_{r\times s}[X]_{s\times 1}$

Pour avoir un problème inverse bien conditionné, une normalisation des matrices est effectuée. En effet, les composantes tangentielles mesurées ($[E,H]_{r\times 1}$) sont normalisées en divisant chaque terme par le maximum du champ EM mesuré. La matrice normalisée est alors notée $[E,H]_{(n)r\times 1}$

$$
\begin{bmatrix}
\begin{bmatrix} H_x \\ H_y \end{bmatrix}_{XY} \\
\begin{bmatrix} H_{x2} \\ H_{z2} \end{bmatrix}_{XZ2} \\
\begin{bmatrix} H_{y3} \\ H_{z3} \end{bmatrix}_{YZ3} \\
\begin{bmatrix} H_{x4} \\ H_{z4} \end{bmatrix}_{XZ4} \\
\begin{bmatrix} H_{y5} \\ H_{z5} \end{bmatrix}_{YZ5} \\
\begin{bmatrix} E_x \\ E_y \end{bmatrix}_{XY} \\
\begin{bmatrix} E_{x2} \\ E_{z2} \end{bmatrix}_{XZ2} \\
\begin{bmatrix} E_{y3} \\ E_{z3} \end{bmatrix}_{YZ3} \\
\begin{bmatrix} E_{x4} \\ E_{z4} \end{bmatrix}_{XZ4} \\
\begin{bmatrix} E_{y5} \\ E_{z5} \end{bmatrix}_{YZ5}
\end{bmatrix}_{r\times1}
= [E,H]_{(n)r\times1} =
\begin{bmatrix}
\begin{bmatrix} \dfrac{H_x}{\max(|H_x|)} \\[2mm] \dfrac{H_y}{\max(|H_x|)} \end{bmatrix}_{XY} \\
\begin{bmatrix} \dfrac{H_{x2}}{\max(|H_{x2}|)} \\[2mm] \dfrac{H_{z2}}{\max(|H_{z2}|)} \end{bmatrix}_{XZ2} \\
\begin{bmatrix} \dfrac{H_{y3}}{\max(|H_{y3}|)} \\[2mm] \dfrac{H_{z3}}{\max(|H_{z3}|)} \end{bmatrix}_{YZ3} \\
\begin{bmatrix} \dfrac{H_{x4}}{\max(|H_{x4}|)} \\[2mm] \dfrac{H_{z4}}{\max(|H_{z4}|)} \end{bmatrix}_{XZ4} \\
\begin{bmatrix} \dfrac{H_{y5}}{\max(|H_{y5}|)} \\[2mm] \dfrac{H_{z5}}{\max(|H_{z5}|)} \end{bmatrix}_{YZ5} \\
\begin{bmatrix} \dfrac{E_x}{\max(|E_x|)} \\[2mm] \dfrac{E_y}{\max(|E_x|)} \end{bmatrix}_{XY} \\
\begin{bmatrix} \dfrac{E_{x2}}{\max(|E_{x2}|)} \\[2mm] \dfrac{E_{z2}}{\max(|E_{z2}|)} \end{bmatrix}_{XZ2} \\
\begin{bmatrix} \dfrac{E_{y3}}{\max(|E_{y3}|)} \\[2mm] \dfrac{E_{z3}}{\max(|E_{z3}|)} \end{bmatrix}_{YZ3} \\
\begin{bmatrix} \dfrac{E_{x4}}{\max(|E_{x4}|)} \\[2mm] \dfrac{E_{z4}}{\max(|E_{z4}|)} \end{bmatrix}_{XZ4} \\
\begin{bmatrix} \dfrac{E_{y5}}{\max(|E_{y5}|)} \\[2mm] \dfrac{E_{z5}}{\max(|E_{z5}|)} \end{bmatrix}_{YZ5}
\end{bmatrix}_{r\times1}
\tag{III. 27}
$$

Les lignes correspondantes dans la matrice $[\alpha]_{r\times s}$ sont aussi normalisées de la même façon. La matrice normalisée est alors notée $[\alpha]_{(n)r\times s}$

Pour résoudre ce problème inverse, nous utilisons la méthode d'inversion au sens des moindres carrées pour obtenir les vecteurs [AE$_j$], [BE$_j$], [AH$_j$] et [BH$_j$] présentés dans l'équation (III. 28) avec j={XY,XZ2,YZ3,XZ4,YZ5}.

$$[E,H]_{(n)r\times 1} \cdot \left([\alpha]_{(n)_{r\times s}}^{t} \cdot [\alpha]_{(n)_{r\times s}} \right)^{-1} \cdot [\alpha]_{(n)_{r\times s}}^{t} = \begin{bmatrix} \begin{bmatrix} I_e \sin\theta_e \sin\phi_e \\ I_e \sin\theta_e \cos\phi_e \end{bmatrix}_{XY,\theta_e=\pi/2} \\ \begin{bmatrix} I_e \sin\theta_e \cos\phi_e \\ I_e \cos\theta_e \end{bmatrix}_{XZ2,\phi_e=0} \\ \begin{bmatrix} I_e \sin\theta_e \sin\phi_e \\ I_e \cos\theta_e \end{bmatrix}_{YZ3,\phi_e=\pi/2} \\ \begin{bmatrix} I_e \sin\theta_e \cos\phi_e \\ I_e \cos\theta_e \end{bmatrix}_{XZ4,\phi_e=0} \\ \begin{bmatrix} I_e \sin\theta_e \sin\phi_e \\ I_e \cos\theta_e \end{bmatrix}_{YZ5,\phi_e=\pi/2} \\ \begin{bmatrix} I_m \sin\theta_m \sin\phi_m \\ I_m \sin\theta_m \cos\phi_m \end{bmatrix}_{XY,\theta_m=\pi/2} \\ \begin{bmatrix} I_m \sin\theta_m \cos\phi_m \\ I_m \cos\theta_m \end{bmatrix}_{XZ2,\phi_m=0} \\ \begin{bmatrix} I_m \sin\theta_m \sin\phi_m \\ I_m \cos\theta_m \end{bmatrix}_{YZ3,\phi_m=\pi/2} \\ \begin{bmatrix} I_m \sin\theta_m \cos\phi_m \\ I_m \cos\theta_m \end{bmatrix}_{XZ4,\phi_m=0} \\ \begin{bmatrix} I_m \sin\theta_m \sin\phi_m \\ I_m \cos\theta_m \end{bmatrix}_{YZ5,\phi_m=\pi/2} \end{bmatrix}_{s\times 1} = \begin{bmatrix} \begin{bmatrix} AE_{XY} \\ BE_{XY} \end{bmatrix}_{XY} \\ \begin{bmatrix} AE_{XZ2} \\ BE_{XZ2} \end{bmatrix}_{XZ2} \\ \begin{bmatrix} AE_{YZ3} \\ BE_{YZ3} \end{bmatrix}_{YZ3} \\ \begin{bmatrix} AE_{XZ4} \\ BE_{XZ4} \end{bmatrix}_{XZ4} \\ \begin{bmatrix} AE_{YZ5} \\ BE_{YZ5} \end{bmatrix}_{YZ5} \\ \begin{bmatrix} AH_{XY} \\ BH_{XY} \end{bmatrix}_{XY} \\ \begin{bmatrix} AH_{XZ2} \\ BH_{XZ2} \end{bmatrix}_{XZ2} \\ \begin{bmatrix} AH_{YZ3} \\ BH_{YZ3} \end{bmatrix}_{YZ3} \\ \begin{bmatrix} AH_{XZ4} \\ BH_{XZ4} \end{bmatrix}_{XZ4} \\ \begin{bmatrix} AH_{YZ5} \\ BH_{YZ5} \end{bmatrix}_{YZ5} \end{bmatrix}_{s\times 1} = [X]_{s\times 1}$$

$$(\text{III. 28})$$

Où « .^{t} » est l'opérateur transposé et l'indice « .$_{(n)}$ » désigne les matrices normalisées.

La méthode d'inversion au sens des moindres carrées est disponible sous Matlab par la commande « anti slash :\»

En effectuant une division élément par élément à l'intérieur de la matrice [X], les orientations peuvent être ainsi évaluées (équation (III. 29)).

$$\phi_{e_i}, \theta_{e_i} = \arctan(\frac{AE_j}{BE_j}); \phi_{m_i}, \theta_{m_i} = \arctan(\frac{AH_j}{BH_j}) \qquad \text{(III. 29)}$$

où i désigne chaque dipôle équivalent et j = {XY, XZ2, YZ3, XZ4, YZ5}.

Une fois que les orientations sont déterminées, une nouvelle matrice [β] peut être définie. Cette dernière contient les paramètres fixes du modèle et les valeurs des orientations évaluées. De la sorte, une nouvelle description matricielle d'un nouveau problème inverse est présentée dans l'équation (III. 30).

$$[E,H]_{r\times1} = \begin{pmatrix} \beta_{1,1} & \cdots & \beta_{1,s/2} \\ \vdots & \ddots & \vdots \\ \beta_{r,1} & \cdots & \beta_{r,s/2} \end{pmatrix}_{r\times(s/2)} \begin{pmatrix} [I_e]_{XY} \\ [I_e]_{XZ2} \\ [I_e]_{YZ3} \\ [I_e]_{XZ4} \\ [I_e]_{YZ5} \\ [I_m]_{XY} \\ [I_m]_{XZ2} \\ [I_m]_{YZ3} \\ [I_m]_{XZ4} \\ [I_m]_{YZ5} \end{pmatrix}_{(s/2)\times1} = [\beta]_{r\times(s/2)}.[I_e, I_m]_{(s/2)\times1} \qquad \text{(III. 30)}$$

Les éléments de la matrice $[\beta]$ sont les quantités pré-caractérisés du modèle. Les courants qui parcourent les dipôles électriques et magnétiques I_e et I_m sont les paramètres à déterminer.

Pour la résolution de ce nouveau problème inverse, on procède de la même façon : une normalisation de la matrice $[\beta]$ est effectuée suivie d'une inversion au sens des moindres carrées. Les courants peuvent être ainsi évalués par l'équation (III. 31).

$$[I_e, I_m]_{(s/2)\times 1} = [\beta]_{(n)_{r\times(s/2)}}^{-1}[E, H]_{r\times 1}$$ (III. 31)

Une fois que les orientations et les courants sont déterminés, le modèle peut être validé pour prédire le rayonnement EM sur les surfaces d'autres volumes plus grands. Dans ce qui suit, nous présenterons deux exemples d'application permettant la validation de l'approche 3D.

III. Application du modèle d'émission 3D

Comme nous l'avons évoqué précédemment, la démarche suivie pour une modélisation 3D correspond au schéma décrit sur la Figure 60. Les données d'entrée du modèle sont issues soit d'une mesure champ proche soit d'une simulation EM (le logiciel de simulation utilisé est HFSS d'Ansys [24]). Le modèle 3D est construit à partir des composantes tangentielles du champ EM. Les cartographies réalisées sur les surfaces de V_2 sont utilisées pour déterminer les paramètres des dipôles. Une fois le modèle construit, nous faisons une simulation pour prédire le rayonnement EM sur les surfaces de V_2 et d'un volume plus grand V_3. Ensuite, nous validons le modèle par comparaison avec les résultats de mesure ou de simulation EM.

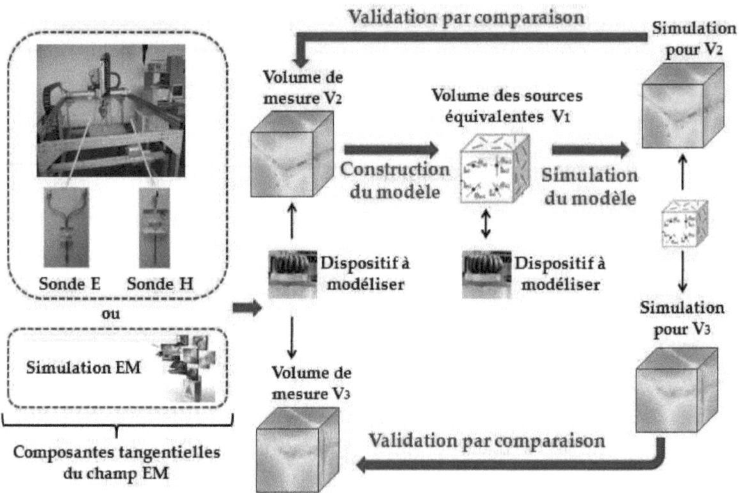

Figure 60 : Démarche de modélisation 3D

Nous appliquons cette démarche pour modéliser le rayonnement EM de deux structures 3D :

- Un « arceau 3D » : c'est une simple structure 3D formée par un arceau monté sur un plan de masse. Ce dernier peut symboliser par exemple un « wirebonding » d'un circuit intégré sur la forme.
- Une self torique : c'est un élément passif très utilisé dans les cartes de l'électronique de puissance pour des applications de filtrage, lissage, etc,…

1. Cas d'un « arceau » 3D

Nous commençons tout d'abord par une structure simple pour valider la procédure 3D et comparer les résultats de modélisation avec la simulation EM et la mesure champ proche [64]. Le dispositif sous test est un « arceau 3D », il est présenté sur la Figure 61. Il possède deux extrémités: une est connectée directement au plan de masse (court-circuitée) et la deuxième sert de port d'excitation.

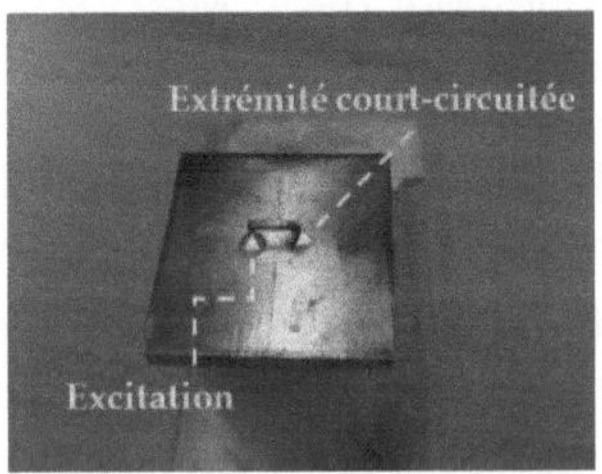

Figure 61 : Photo de l'arceau 3D

Pour modéliser le rayonnement 3D de cette structure, une simulation EM est effectuée. En effet, nous avons modélisé l'arceau 3D sous HFSS comme le montre la Figure 62.

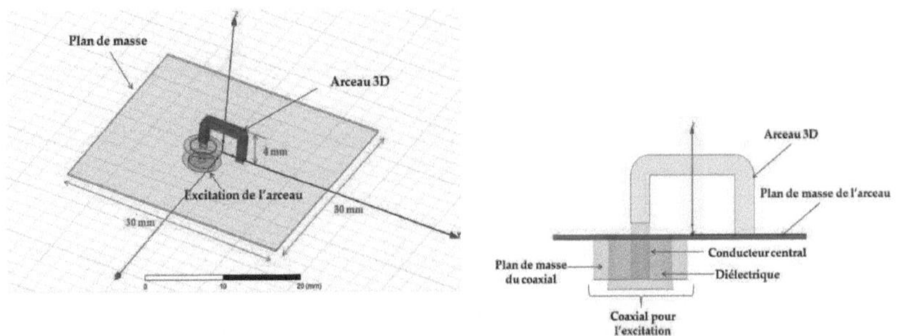

(a)   Modèle de l'arceau sous HFSS   (b)   Excitation de l'arceau

Figure 62 : Arceau 3D sous HFSS

Le port d'excitation est situé au dessous du plan de masse de l'arceau pour que son rayonnement EM n'affecte pas le rayonnement propre du dispositif à modéliser (Figure 62-(b)). Les étapes de modélisation des émissions rayonnées de l'arceau 3D, sont présentées dans le digramme de la Figure 63. La valeur de la fréquence de fonctionnement (f=30 MHz) est arbitrairement choisie comme un exemple d'illustration.

Les dimensions de la structure sont les suivantes : 30 mm (x) ×30 mm (y) ×4 mm (z) (V_1). Pour cela, le volume des sources équivalentes (V_1) est choisi de façon à garder les mêmes dimensions géométriques que l'arceau. Les cartographies du champ EM réalisées sur les surfaces d'un volume de dimension 40 mm (x) ×40 mm (y) ×14 mm (z) (V_2) ont servie pour construire le modèle. La validation est effectuée en comparant le rayonnement EM des sources équivalentes avec le rayonnement EM simulé sur les surfaces d'un volume de dimensions 50 mm (x) ×50 mm (y) ×24 mm (z) (V_3).

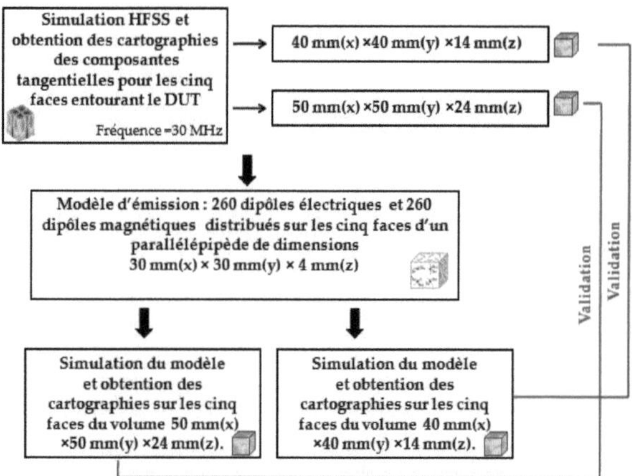

Figure 63 : Etapes de modélisation 3D de l'arceau

Pour la construction du modèle, nous positionnons dans un premier temps un dipôle électrique et un dipôle magnétique à chaque point de mesure pour les cinq faces délimitant les dimensions du DST (modèle de départ). Ensuite, le nombre des sources équivalentes est ajusté par l'utilisateur par réduction de façon que le pourcentage d'erreur entre le champ EM modélisé et simulé ne dépasse pas 4% pour la totalité des cinq surfaces de V_2.

Pour quantifier l'erreur, nous avons utilisé l'équation (III. 32).

$$error_{(\%)} = \sum_{i=1}^{M}\left(\frac{\left|(H/E)_{sim}(M_i) - (H/E)_{mod}(M_i)\right|^2}{\sum_{i=1}^{M}\left|(H/E)_{sim}(M_i)\right|^2} \right) \tag{III. 32}$$

Au final, nous avons retenu 260 dipôles électriques et 260 dipôles magnétiques distribués sur les surfaces de V_1. La longueur de chaque dipôle est fixée à une valeur égale à 1mm ($l_e, l_m << \lambda$) pour garantir un courant constant le long de chaque source.

Le Tableau 2 résume les pourcentages d'erreur sur les composantes simulées et modélisées du champ EM sur les surfaces de V_2.

Tableau 2 : Erreurs sur les composantes des champs EM simulées et modélisées sur les surfaces de V_2-arceau 3D

	XY	XZ2	YZ3	XZ4	YZ5
E_x	0.39	1.21	1.34	0.07	1.34
E_y	0.45	3.11	0.69	1.29	0.67
E_z	0.54	0.02	0.09	0.09	0.08
H_x	0.53	1	0.03	1.13	0.03
H_y	0.46	0.11	0.1	0.09	0.09
H_z	0.48	0.69	0.61	1.25	0.52

La Figure 64 et la Figure 65 présentent les résultats de comparaison entre les amplitudes et les phases des trois composantes modélisées et simulées des champs électriques et magnétiques rayonnés sur les surfaces de V_2.

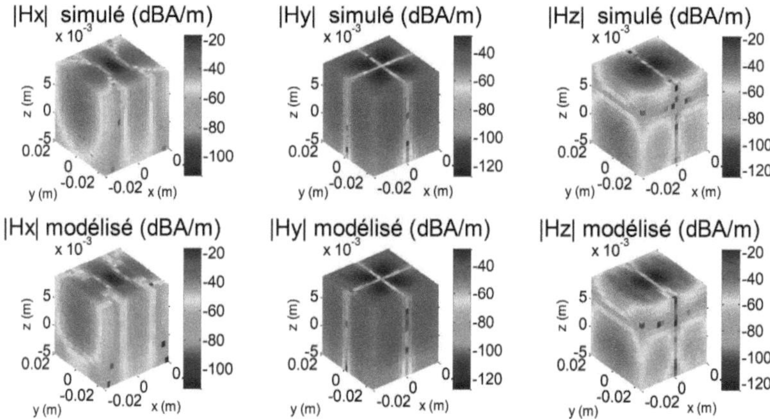

(a)   Amplitudes des composantes du champ magnétique

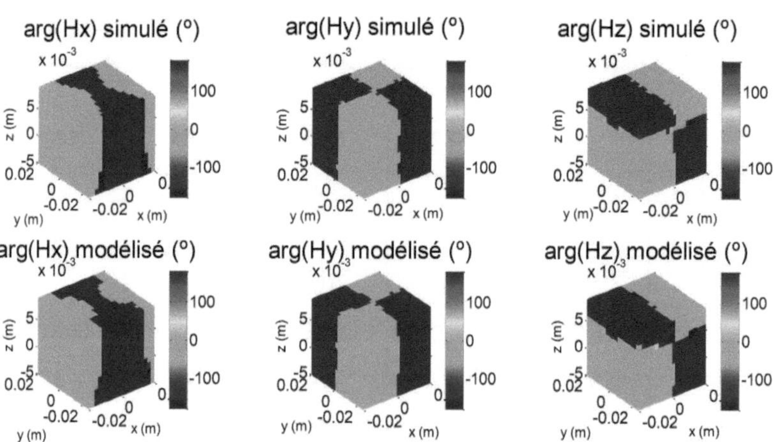

(b)   Phases des composantes du champ magnétique

Figure 64 : Comparaison entre les trois composantes simulées et modélisées du champ magnétique sur les surfaces de V_2

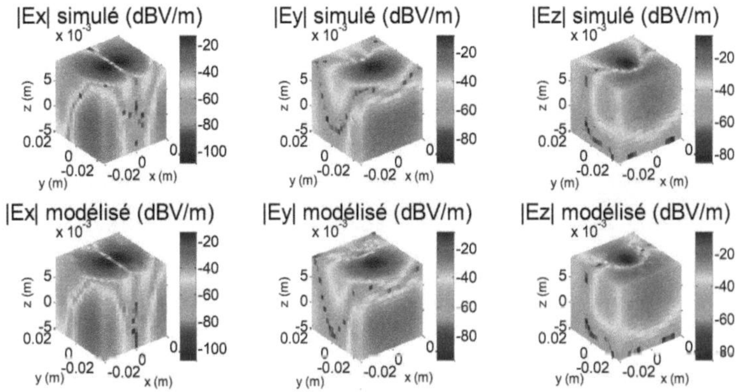

(a)   Amplitudes des composantes du champ électrique

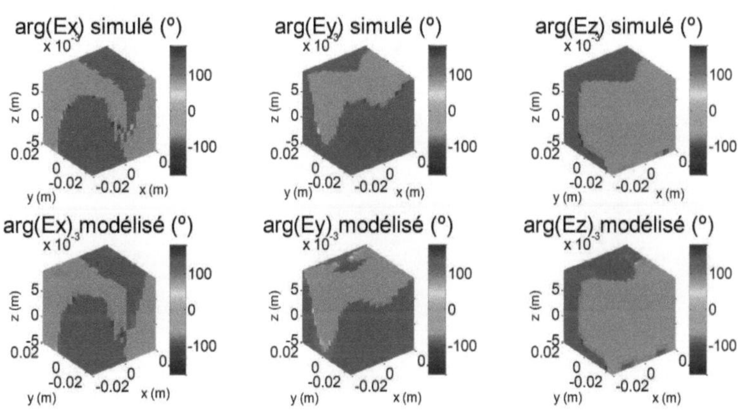

(b)   Phases des composantes du champ électrique

Figure 65 : Comparaison entre les trois composantes simulées et modélisées du champ électrique sur les surfaces de V_2

Les résultats obtenus montrent une très bonne concordance entre les composantes simulées et modélisées du champ EM. Nous avons également comparé les différentes composantes modélisées du champ magnétique avec celles issues de la mesure champ proche 3D. Pour ce faire, une mesure champ proche 3D a été effectuée pour récupérer l'amplitude et la phase du champ magnétique rayonné sur les surfaces de V_2 à la fréquence 30 MHz.

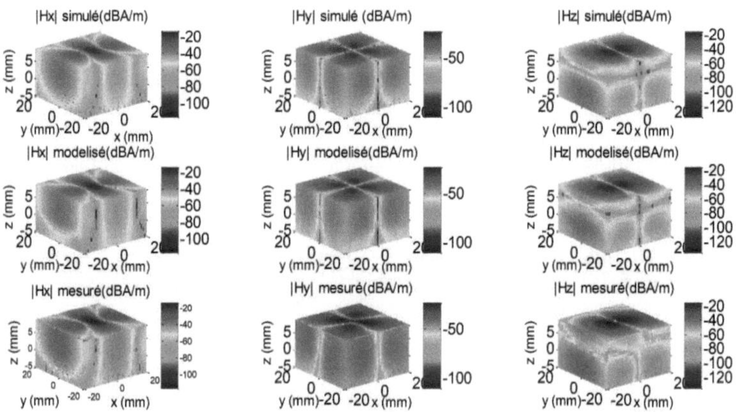

(a)   Amplitudes des composantes du champ magnétique

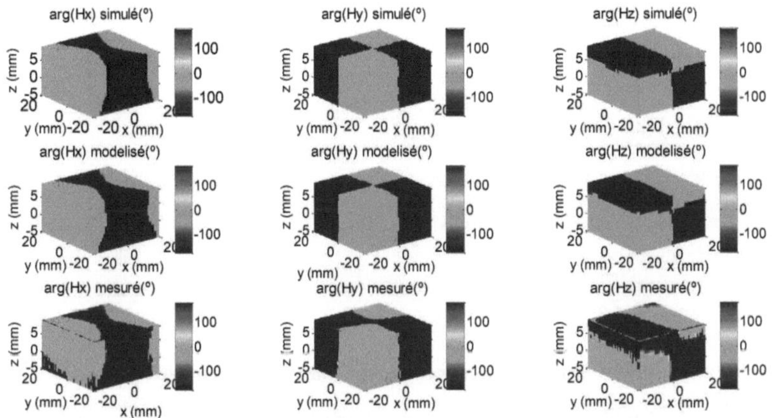

(b)   Phases des composantes du champ magnétique

Figure 66 : Comparaison entre les trois composantes mesurées et modélisées du champ magnétique sur les surfaces de V_2

Pour comparer les résultats présentés sur la Figure 66 d'une manière plus claire, des coupes dans les plans XY et XZ arbitrairement choisies sont présentées sur la Figure 67.

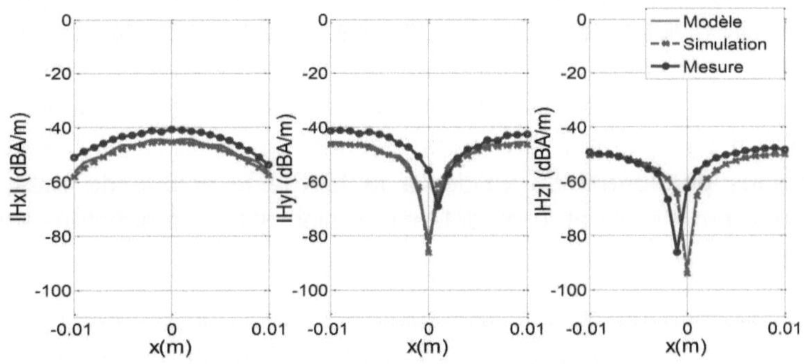

(a)   Coupes du rayonnement-Plan XZ (y<0) à z=0 mm

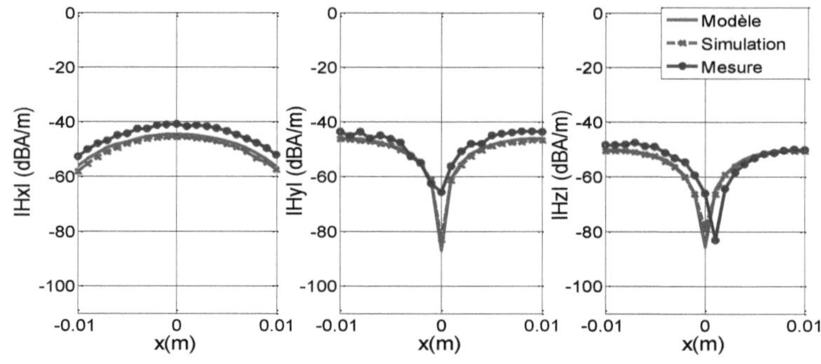

(b)   Coupes du rayonnement-Plan XZ (y>0) à z=0 mm

Figure 67 : Coupes du rayonnement du champ magnétique sur des surfaces du volume V_2

Une très bonne correspondance entre les résultats de simulation et de modélisation peut être observée. Cependant, les quelques différences entre les composantes modélisées et mesurées du champ magnétique peuvent être expliquées par le fait que le modèle 3D est construit en se basant sur les cartographies simulées et non celles mesurées. Ce décalage peut être aussi expliqué par l'erreur que la sonde peut apporter à cause de son inclinaison par rapport à la position souhaitée. En effet, le positionnement de la sonde de mesure par rapport au DST se fait manuellement et dans ces conditions, il est très délicat d'obtenir une très haute précision de la position de cette dernière dans l'espace. Cependant, les résultats obtenus permettent de valider à la fois la technique de mesure champ proche 3D et le modèle d'émission 3D de la structure sous test.

La validation du modèle est aussi effectuée sur les surfaces du volume V_3. La Figure 68 et la Figure 69 illustrent les résultats de comparaison.

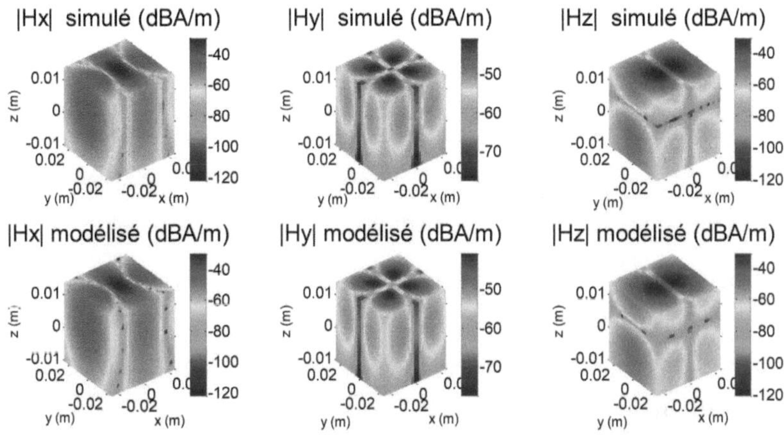

(a)   Amplitudes des composantes du champ magnétique

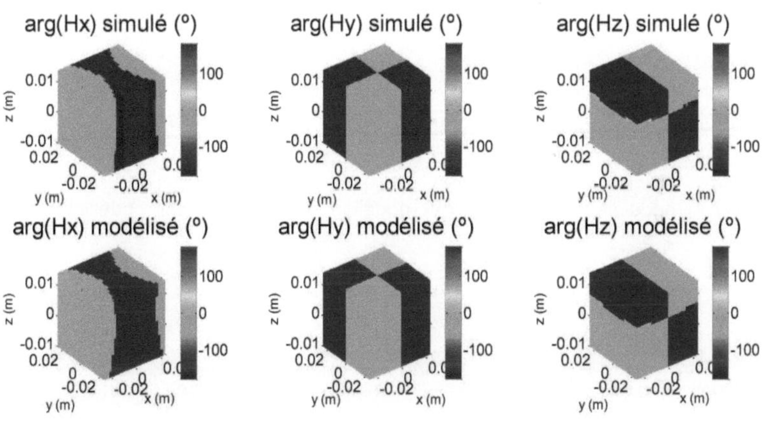

(b)   Phases des composantes du champ magnétique

Figure 68 : Comparaison entre les trois composantes simulées et modélisées du champ magnétique sur les surfaces de V_3

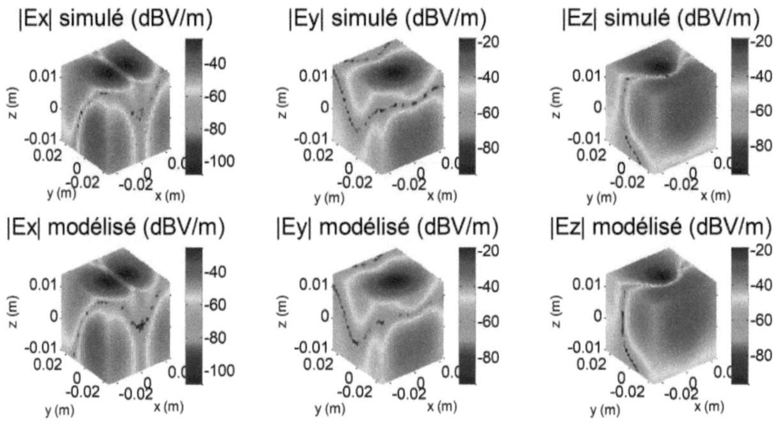

(a)   Amplitudes des composantes du champ électrique

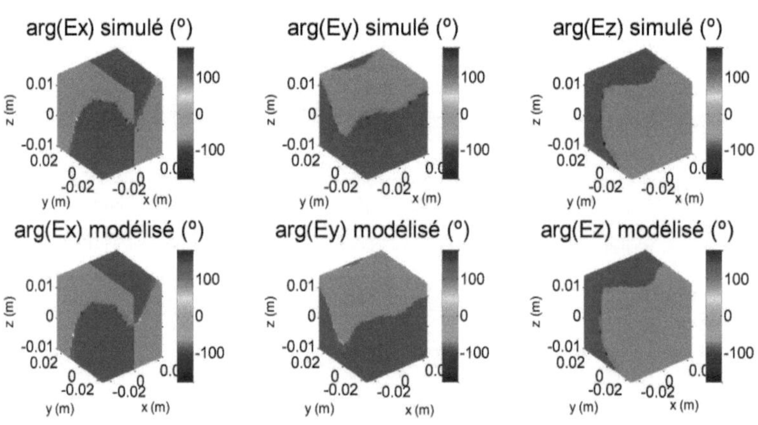

(b)   Phases des composantes du champ électrique

Figure 69 : Comparaison entre les trois composantes simulées et modélisées du champ électrique sur les surfaces de V_3

Nous considérons également des coupes du rayonnement dans les plans XY et XZ arbitrairement choisies pour une meilleure comparaison des résultats. La Figure 70 compare les amplitudes des différentes composantes simulées et modélisées du champ EM.

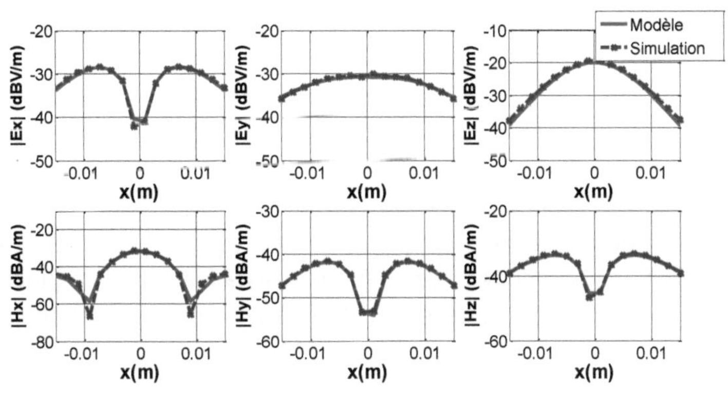

(a)   Coupes du rayonnement-Plan XY à y=5mm

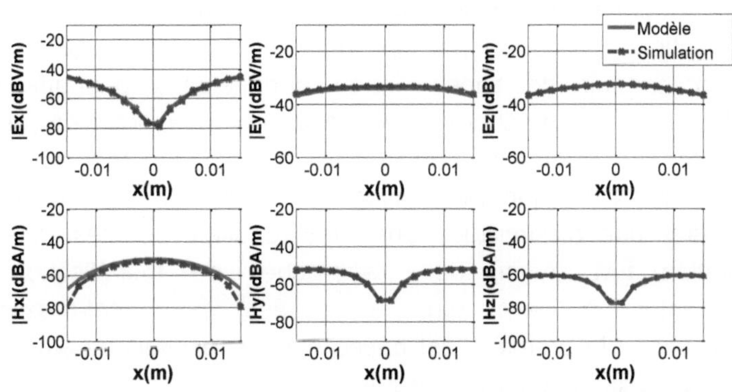

(b)   Coupes du rayonnement-Plan XZ (y<0) à z=0 mm.

Figure 70 : Coupes du rayonnement du champ EM sur des surfaces du volume V_3

Pour tous les cas, les résultats obtenus nous permettent la validation du modèle 3D sur les surfaces du volume utilisé pour la construction du réseau des sources équivalentes (V_2) et également sur les surfaces d'un volume plus grand (V_3).

2. Cas d'une Self torique

L'utilisation des selfs toriques à noyau ferromagnétique est très répandue dans les cartes de l'électronique de puissance présentes, par exemple, dans les systèmes embarqués de l'automobile. Néanmoins, ces composants passifs, ayant une forme géométrique 3D, peuvent avoir un niveau de rayonnement EM très important qui peut nuire au fonctionnement des autres dispositifs, cartes ou interconnexions placés à proximité. Ainsi, l'étude et la modélisation des émissions rayonnées des selfs toriques a fait l'objet de plusieurs travaux de recherche dans le but d'optimiser leurs dispositions dans le système électronique complet [72], [73].

Dans [73], les auteurs présentent une étude des émissions rayonnées des selfs toriques. Ces travaux de recherche ont montré que le rayonnement EM est très dépendant du nombre et de la distance entre les différentes spires. Par conséquent, les imperfections produites par les défauts d'un bobinage manuel peuvent introduire des zones d'inhomogénéité ce qui peut affecter le profil et le niveau du champ magnétique rayonné. Il s'avère délicat de reproduire et simuler parfaitement le bobinage réel autour du noyau ferromagnétique dans un logiciel de simulation EM. Cela peut engendrer une dissimilitude entre les résultats de mesure et de simulation EM. Ainsi, deux approches de modélisation 3D équivalentes peuvent être envisagées pour cet exemple d'application : la première est basée sur les résultats de simulation EM et la deuxième est basée sur les résultats de mesure.

Le modèle 3D basé sur les mesures champ proche est présenté dans [71]. Dans cette partie de ce chapitre, nous procédons par l'approche de modélisation 3D basée sur les simulations EM. Pour ce faire, nous considérons l'exemple d'une self torique constituée de 18 spires enroulées autour d'un noyau de ferrite de perméabilité relative μ_r=125. La Self est modélisée sous HFSS-Ansys en prenant en considération les propriétés des différents matériaux qui la caractérisent. La Figure 71 présente différentes vues de la self torique sous test.

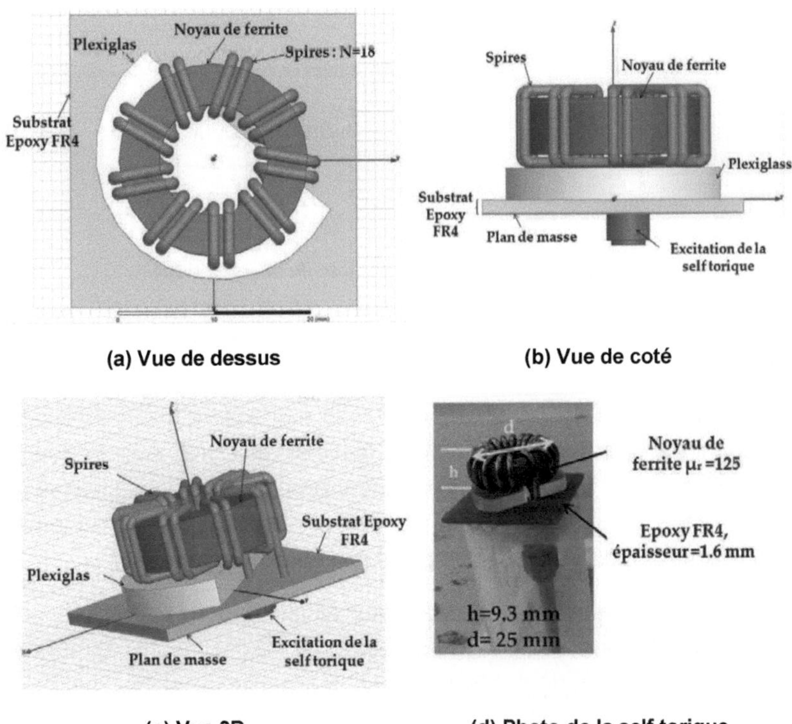

(a) Vue de dessus **(b) Vue de coté**

(c) Vue 3D **(d) Photo de la self torique**

Figure 71 : Le composant sous test : une self torique

Une caractérisation préliminaire de l'impédance d'entrée de la self a été effectuée. Cette dernière est évaluée à partir du paramètre de réflexion S_{11}. Ainsi, l'impédance d'entrée Z_{in1} peut être évaluée dans l'intervalle de fréquence [30 kHz-500 MHz]. La Figure 72 présente le comportement en termes d'impédance dans la bande de fréquence d'intérêt.

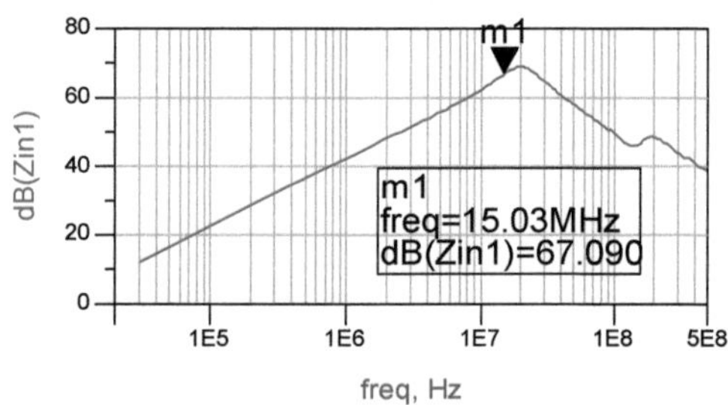

Figure 72 : Impédance d'entrée de la self torique

Par conséquent, la caractérisation et la modélisation des émissions rayonnées de la self torique sous test est effectuée à la fréquence 15 MHz : une valeur de fréquence proche de la fréquence de résonance pour garantir à la fois un niveau de rayonnement suffisamment élevé et un comportement purement inductif.

La même démarche détaillée dans la section II est suivie pour construire le modèle 3D de la self torique. La Figure 73 résume les différentes étapes de modélisation.

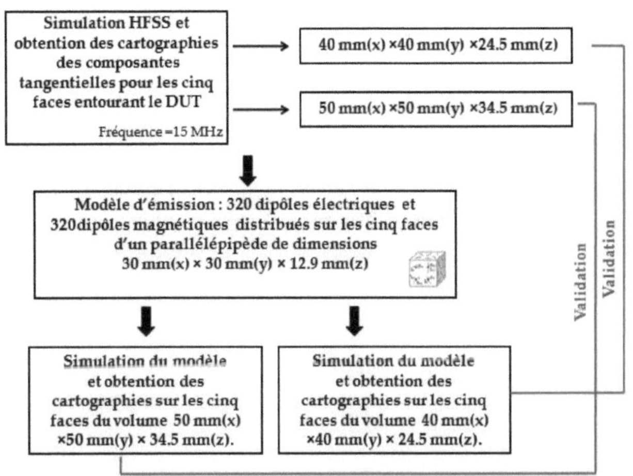

Figure 73 : Etapes de modélisation 3D de la self torique

Le volume V_1 des dipôles équivalents est choisi de façon à ce qu'il délimite les dimensions géométriques de la self : 30 mm (x) ×30 mm (y) ×12.9 mm (z). Les cartographies du champ EM réalisées sur les surfaces d'un volume de dimension 40 mm (x) ×40 mm (y) ×24.5 mm (z) (V_2) ont servi comme données d'entrée du modèle. La validation est effectuée en comparant le rayonnement EM des sources équivalentes avec le rayonnement EM simulé sur les surfaces d'un volume plus grand de dimension 50 mm (x) ×50 mm (y) ×34.5 mm (z) (V_3).

Le nombre de dipôles électriques et magnétiques est ajusté par l'utilisateur de façon que le pourcentage d'erreur entre le champ EM modélisé et simulé, exprimé dans l'équation (III. 32), ne dépasse pas 2% sur la totalité des cinq surfaces de V_2. La longueur de chaque dipôle l_e, l_m est égale à 1mm ($l_e, l_m <<\lambda$).

Le Tableau 3 résume les pourcentages d'erreur sur les composantes simulées et modélisées du champ EM sur les surfaces de V_2.

Tableau 3 : Erreurs sur les composantes simulées et modélisées du champ EM sur les surfaces de V_2-self torique

	XY	XZ2	YZ3	XZ4	YZ5
H_x	0.28	0.48	0.048	0.042	0.043
H_y	0.36	0.58	0.037	0.046	0.067
H_z	0.28	0.26	0.2	1.9	0.18
E_x	0.51	0.41	1.37	2	1.8
E_y	0.67	1.12	0.68	1.9	0.87
E_z	0.55	1.47	2	2	2

La Figure 74 et la Figure 75 montrent les résultats de comparaison entre les amplitudes et les phases des trois composantes modélisées et simulées des champs électrique et magnétique rayonnés sur les surfaces de V_2.

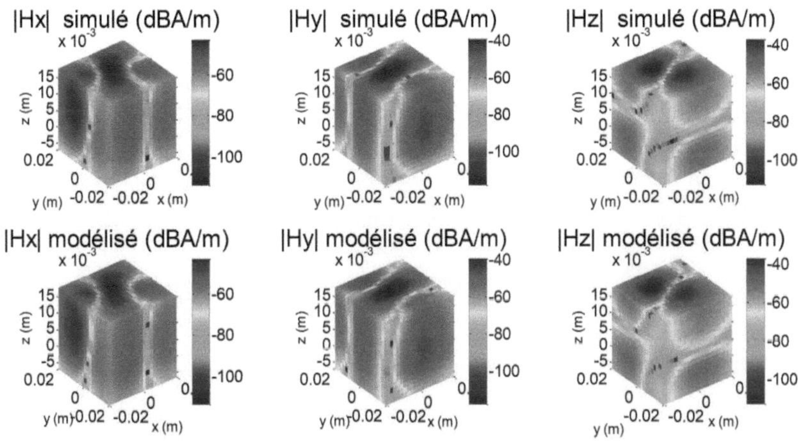

(a)   Amplitudes des composantes du champ magnétique

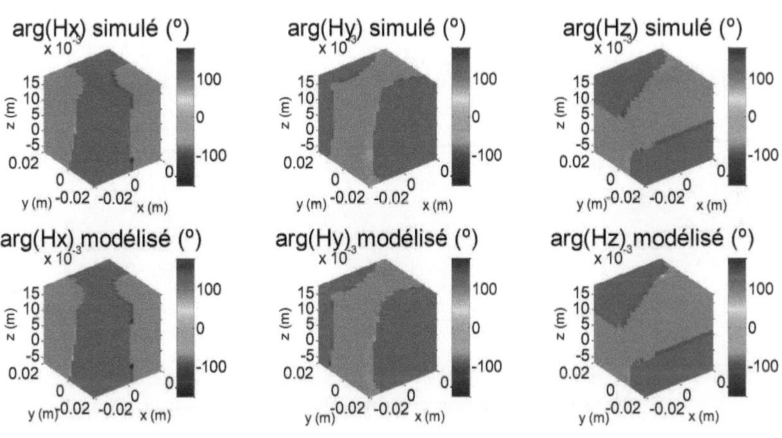

(b)   Phases des composantes du champ magnétique

Figure 74 : Comparaison entre les trois composantes simulées et modélisées du champ magnétique sur les surfaces de V_2

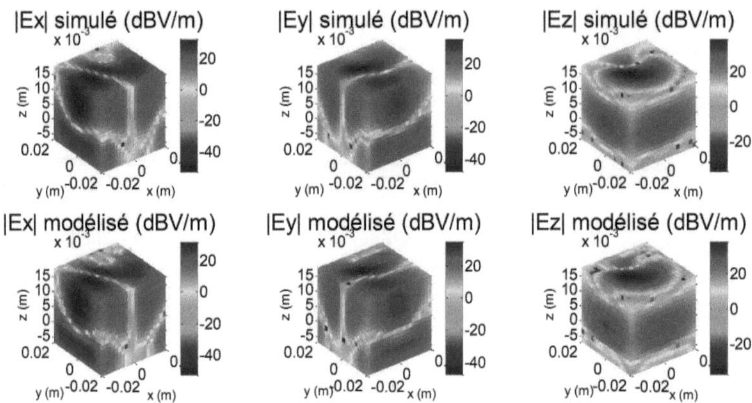

(a)Amplitudes des composantes du champ électrique

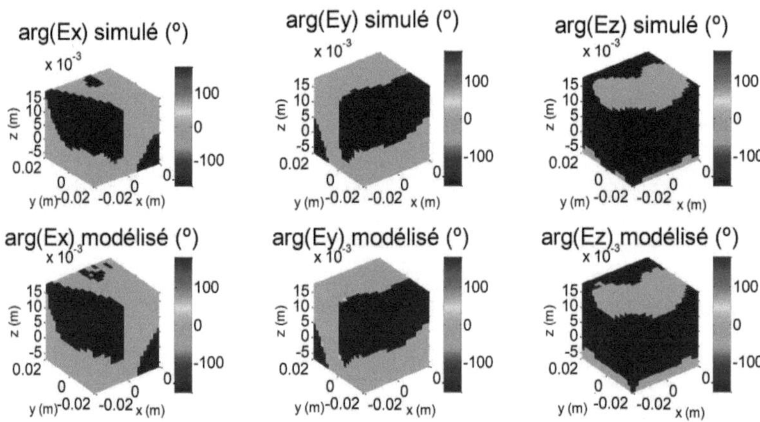

(b) Phases des composantes du champ électrique

Figure 75 : Comparaison entre les trois composantes simulées et modélisées du champ électrique sur les surfaces de V_2

La validation du modèle est aussi effectuée sur les surfaces du volume V_3. La Figure 76 et la Figure 77 illustrent les résultats de comparaison entre les cartographies 3D modélisées et simulées, en amplitude et en phase, du champ EM.

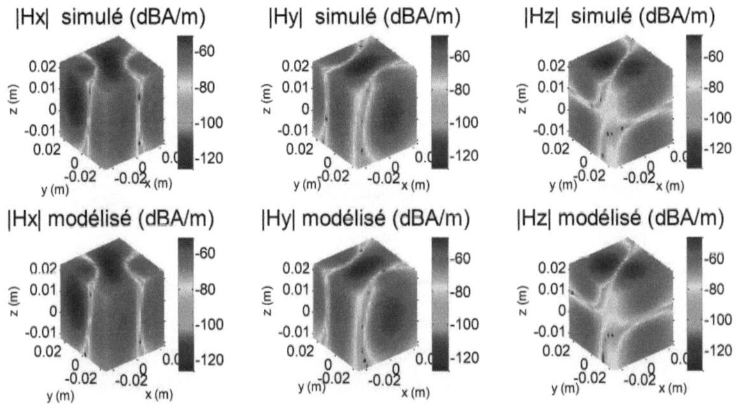

(a)   Amplitudes des composantes du champ magnétique

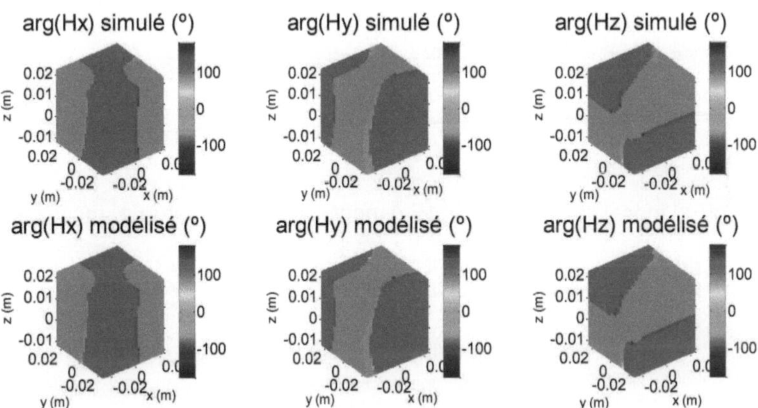

(b) Phases des composantes du champ magnétique

Figure 76 : Comparaison entre les trois composantes simulées et modélisées du champ magnétique sur les surfaces de V_3

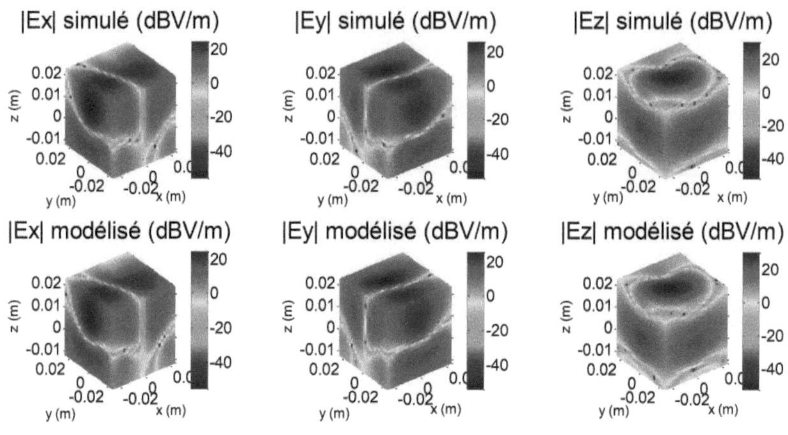

(a)   Amplitudes des composantes du champ électrique

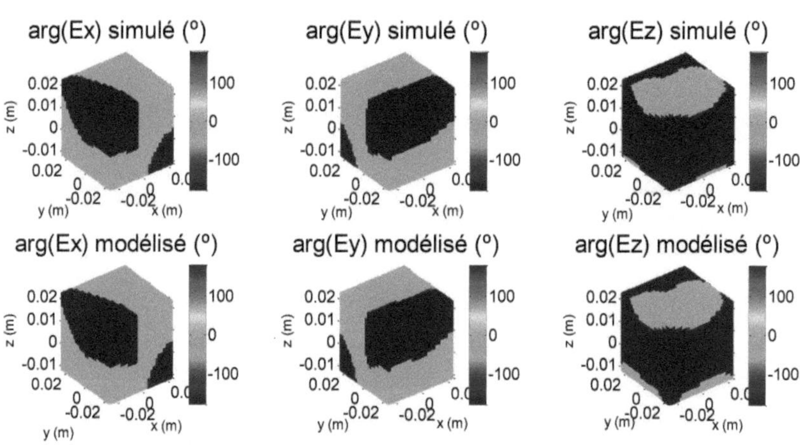

(b) Phases des composantes du champ électrique

Figure 77 : Comparaison entre les trois composantes simulées et modélisées du champ électrique sur les surfaces de V_3

Une très bonne correspondance entre les différentes composantes modélisées et simulées du champ EM peut être signalée à l'exception de quelques très légères différences dans certaines zones des cartographies 3D. Pour mieux quantifier cet écart, les erreurs entre les différentes composantes du champ EM sont évaluées sur les différentes surfaces de V_3 en se référant toujours à l'équation III.32 (Tableau 4).

Tableau 4 : Erreurs sur les composantes simulées et modélisées des champs EM sur les surfaces de V_3-self torique

	XY	XZ2	YZ3	XZ4	YZ5
H_x	0.0554	0.082	0.037	0.029	0.065
H_y	0.067	0.049	0.032	0.06	0.099
H_z	0.068	0.072	0.061	0.13	0.11
E_x	0.24	0.71	0.94	1.25	1.23
E_y	0.2	0.99	0.72	1.13	1.01
E_z	0.26	1.23	1.56	1.93	1.39

Ces résultats nous permettent de valider le modèle d'émission rayonnée 3D de la self torique tout en prenant en considération la contribution des différentes surfaces rayonnantes de ce DST.

IV. Conclusion

Dans ce chapitre, nous avons présenté l'approche 3D permettant la modélisation des émissions rayonnées dans l'espace 3D entourant le DST. Le modèle 3D permet de représenter le rayonnement EM par un ensemble de dipôles électriques et magnétiques distribués sur les surfaces d'un volume délimitant les dimensions géométriques du DST. Ce réseau de sources équivalentes rayonne le même champ que le DST sur les surfaces d'autres volumes plus grands situés dans sa zone champ proche. La description mathématique du modèle, exprimée sous forme d'un problème inverse matriciel, est établie à partir des expressions des potentiels vecteurs électrique et magnétique. La détermination des paramètres de chaque dipôle (courant et orientations en élévation et en azimut) est effectuée à l'aide de deux inversions successives de matrices au sens des moindres carrés.

Les composantes tangentielles du champ EM sur les cinq surfaces d'un volume entourant le DST sont les données d'entrée du modèle. Ces dernières peuvent être obtenues soit à partir d'une simulation EM, soit à l'aide d'une mesure champ proche 3D.

Cette approche de modélisation a été appliquée pour deux cas de structures ayant une forme géométrique 3D : l'arceau au dessus d'un plan de masse (fréquence 30 MHz) et la self torique (fréquence 15 MHz). Les résultats obtenus nous permettent de valider le modèle développé tout en respectant un compromis entre le nombre de sources équivalentes et l'erreur de modélisation.

A la lumière de ces travaux, quelques conclusions et remarques peuvent être dégagées :

- Le nombre des sources élémentaires utilisées pour modéliser les émissions rayonnées en 3D sur les cinq faces est nettement inférieur à celui obtenu dans les approches 2D sur un seul plan d'après les travaux existants dans la littérature (nous présenterons dans le chapitre IV un exemple illustratif de ce constat). Ce point est très positif dans une approche globale de modélisation des émissions rayonnées.
- L'extraction du modèle nécessite des données issues de la mesure des composantes tangentielles en CP. La difficulté dans certains cas de figures d'une telle mesure peut être un

frein à la procédure de modélisation (niveau de champ
relativement faible, temps de mesure prohibitif, problème de
résolution spatiale,...).

- Malgré la précision satisfaisante du modèle proposé à la
fréquence d'extraction, des améliorations sont à apporter pour
étendre sa validité sur une plus large bande de fréquence.

Dans le chapitre 4, le modèle 3D sera exploitée pour étudier le
couplage EM entre les structures rayonnantes et les interconnexions
voisines (conducteur au dessus d'un plan de masse ou lignes
microrubans).

Chapitre IV :

Prédiction du couplage EM entre les structures rayonnantes et les interconnexions en champ proche

I.   Introduction

Avec l'augmentation de la densité d'intégration des composants et circuits au sein des dispositifs électroniques, les ingénieurs de conception sont amenés à étudier la CEM de leurs systèmes prototypes avant la phase d'industrialisation et en particulier prédire les phénomènes d'interférences électromagnétiques entre les différents éléments constituants ces systèmes. Ainsi, disposer de modèles qui permettent de calculer les niveaux d'émission et d'immunité des composants/circuits en mode rayonné permet de faire face aux différentes contraintes CEM dés les premières phases de conception. En conséquence, cela permet d'optimiser la disposition des différents éléments du système dans l'espace prévu (Figure 78).

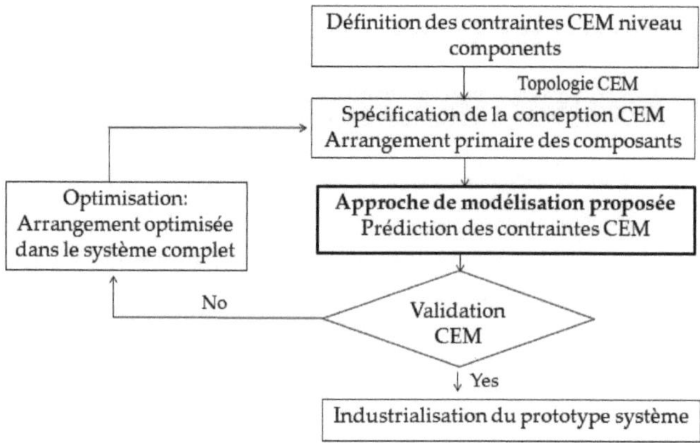

Figure 78 : Processus de conception système optimisé

Le modèle 3D décrit dans le chapitre III permet de représenter les émissions rayonnées du DST par un ensemble de sources équivalentes qui produisent le même champ EM rayonné dans l'espace environnant, constitué éventuellement d'autres composants et interconnexions. Par conséquent, ce modèle peut demeurer une partie intégrante de l'étude et la prédiction des IEMs entre les dispositifs électroniques et les interconnexions voisines. En effet, ces émissions rayonnées peuvent provoquer des signaux indésirables qui se superposent aux signaux propres d'une carte électronique à travers ses interconnexions. Ceci peut altérer le fonctionnement normal des composants complexes ou non linéaires situés au niveau des extrémités (émetteur ou récepteur des circuits intégrés par exemple) [74].

Dans ce contexte, nous présentons dans ce chapitre une approche de modélisation qui permet de prédire le couplage électromagnétique en champ proche entre les structures rayonnantes et les lignes de transmission qui peuvent être soit des conducteurs au dessus d'un plan de masse ou des lignes microrubans. Cette approche est basée sur l'utilisation du modèle d'émission rayonnée 3D associé avec des méthodes analytiques (modèles de couplage) pour prédire l'immunité rayonnée des lignes de transmission (lignes victimes) situées au voisinage des éléments rayonnants (éléments perturbateurs).

Ainsi, dans la première partie de ce chapitre, nous rappelons les trois formalismes de couplage cités dans la littérature (modèles de Taylor, Agrawal et Rachidi présentés dans [59]-[61]). Dans une deuxième partie, nous décrivons l'approche de modélisation proposée pour prédire le couplage des ondes EM avec des conducteurs au dessus d'un plan de masse. Enfin, dans la dernière partie de ce chapitre, nous présentons une nouvelle méthodologie traduisant le couplage EM avec les lignes de circuits imprimés (PCB) d'une manière simple et rapide.

II. Etat de l'art sur les modèles analytiques pour la prédiction du couplage EM

Dans la section IV du premier chapitre, nous avons présenté un état de l'art sur les différents modèles permettant la prédiction de la réponse d'une ligne de transmission suite à une excitation électromagnétique externe. En effet, il existe deux types de modèles : les modèles numériques et les modèles analytiques.

Les méthodes numériques exigent des ressources mémoires prohibitives et un temps de calcul assez important pour étudier la réponse des lignes de transmission suite à une excitation EM. Bien au contraire, les méthodes analytiques, basées sur les approximations de la théorie des lignes de transmission peuvent prédire le couplage EM d'une manière plus simple et rapide. Pour cette raison, nous avons choisi d'associer ces modèles analytiques avec le modèle d'émission rayonnée 3D afin d'analyser la réponse des lignes de transmission suite à l'effet d'une onde électromagnétique produite par un élément perturbateur situé dans la région de champ proche.

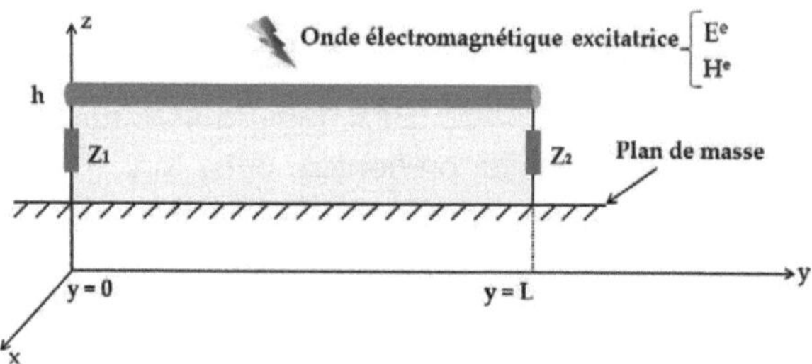

Figure 79 : Conducteur au dessus d'un plan de masse excité par une onde EM

La Figure 79 présente une ligne de transmission, conducteur au dessus d'un plan de masse, illuminée par une onde externe non uniforme. Les champs excitateurs E^e et H^e sont exprimés dans (IV. 1).

$$\begin{cases} E^e = E^{inc} + E^{ref} \\ H^e = H^{inc} + H^{ref} \end{cases} \qquad (IV. 1)$$

avec : E^e et H^e sont les champs EM excitateurs. .

E^{inc} et H^{inc} sont les champs EM incidents.

E^{ref} et H^{ref} sont les champs EM réfléchis par le plan de masse de la ligne.

Ces deux quantités sont calculées en l'absence de la ligne victime. Uniquement l'effet du plan de masse est pris en considération pour la détermination du champ réfléchi.

Les champs EM totaux sont alors évalués par la somme des champs excitateurs et des champs diffusés par la ligne E^s et H^s (représentent la réaction de la ligne victime suite à l'application d'une onde excitatrice).

$$\begin{cases} E = E^e + E^s \\ H = H^e + H^s \end{cases} \qquad (IV. 2)$$

Selon la nature du champ électromagnétique sélectionné pour la prédiction du couplage, trois formalismes sont développés et présentés dans la littérature. Ces derniers modélisent l'effet du champ EM excitateur par une distribution de sources de tension et de courant tout au long de la ligne victime.

Dans ce qui suit, nous présentons le principe de chaque formalisme de couplage, les équations associées ainsi que le modèle type circuit de la ligne de transmission victime.

1. Le modèle de Taylor

Le modèle de Taylor, développé par Taylor, Satterwhite et Harrison, est présenté dans [59]. Ce dernier modélise l'action d'une onde EM excitatrice sur une ligne de transmission par une source de tension $V_s(y)$ et une source de courant $I_s(y)$ distribuées tout au long de la ligne et qui représentent respectivement l'effet du champ magnétique transverse (H_x) et l'effet du champ électrique normal au plan de masse (E_z). Les orientations (x,y,z) respectent la position de la ligne présentée sur la Figure 79.

Le schéma électrique équivalent de la ligne victime, selon la formulation de Taylor, est présenté sur la Figure 80.

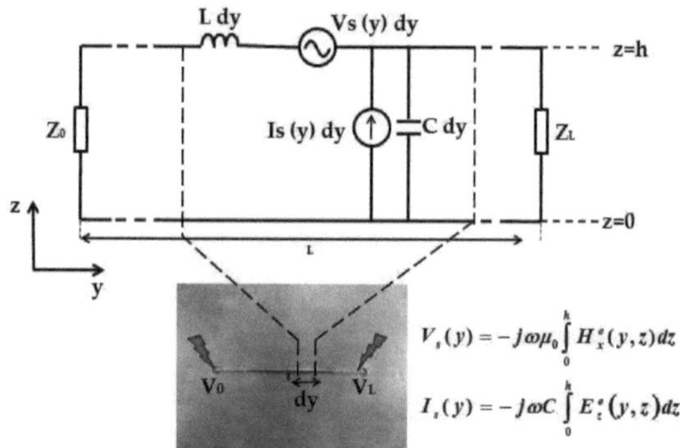

$$V_s(y) = -j\omega\mu_0 \int_0^h H_x^e(y,z)\,dz$$

$$I_s(y) = -j\omega C \int_0^h E_z^e(y,z)\,dz$$

Figure 80 : Circuit équivalent de la ligne victime selon le modèle de Taylor

Les équations des télégraphistes qui relient les tensions et les courants se propageant le long des lignes, présentées dans le premier chapitre ((I. 49) et (I. 50)), seront alors exprimées sous une nouvelle forme en prenant en considération l'effet des composantes des champs électrique et magnétique excitateurs (équation ((IV. 3)).

$$\begin{cases} \dfrac{dV(y)}{dy} + ZI(y) = V_S(y) = -j\omega\mu_0 \displaystyle\int_0^h H_x^e(y,z)dz + E_y^e(y,0) \\[4mm] \dfrac{dI(y)}{dy} + YV(y) = I_S(y) = -Y\displaystyle\int_0^h E_z^e(y,z)dz \end{cases} \qquad \text{(IV. 3)}$$

Dans le cas où le câble métallique et le plan de masse de la ligne de transmission sont considérés comme parfaitement conducteurs, l'impédance et l'admittance linéiques peuvent être approximées par l'équation (IV. 4).

$$\begin{cases} Z = R + jL\omega \approx jL\omega \\ Y = G + jC\omega \approx jC\omega \end{cases} \qquad \text{(IV. 4)}$$

Ainsi, les équations, reliant le courant et la tension le long de la ligne, peuvent être alors exprimées sous cette forme :

$$\begin{cases} \dfrac{dV(y)}{dy} + j\omega LI(y) = V_S(y) = -j\omega\mu_0 \displaystyle\int_0^h H_x^e(y,z)dz \\[4mm] \dfrac{dI(y)}{dy} + j\omega CV(y) = I_S(y) = -j\omega C\displaystyle\int_0^h E_z^e(y,z)dz \end{cases} \qquad \text{(IV. 5)}$$

Les conditions aux limites pour le modèle de Taylor sont exprimées dans (IV. 6) et (IV. 7).

$$V^s(0) = -Z_0 I(0) \qquad \text{(IV. 6)}$$

$$V^s(L) = Z_L I(L) \qquad \text{(IV. 7)}$$

Sachant que Z_0 et Z_L sont les impédances aux extrémités de la ligne de transmission.

2. Le modèle d'Agrawal

Le modèle d'Agrawal, développé par Agrawal, Price et Gurbaxani, est présenté dans [60]. Ce dernier modélise l'action d'une onde EM excitatrice sur une ligne de transmission par une source de tension $V_s(y)$ distribuée tout au long de la ligne et deux sources de tension *V(0)* et *V(L)* localisées aux deux extrémités, exprimées en fonction des composantes du champ électrique excitateur uniquement.

Le schéma électrique équivalent de la ligne victime, selon la formulation d'Agrawal, est présenté sur la Figure 81

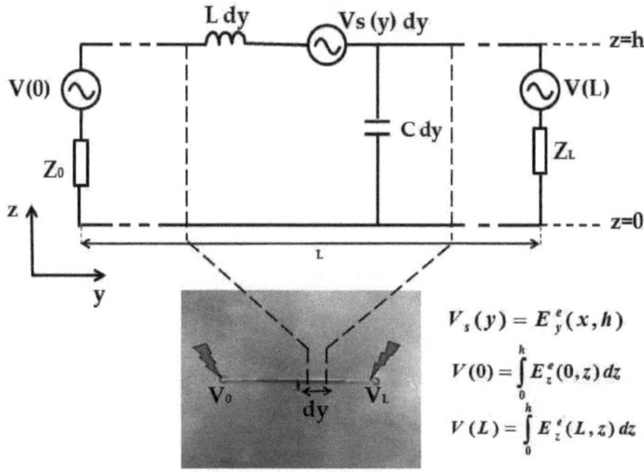

Figure 81 : Circuit équivalent de la ligne victime selon le modèle d'Agrawal

Le formalisme d'Agrawal est inspiré principalement de la formulation de Taylor en décomposant la tension totale $V(y)$ en tension due au champ excitateur $V^e(y)$ et celle due au champ diffusé par la ligne $V^s(y)$.

$$V(y) = V^e(y) + V^s(y) = -\int_0^h E_z^e(y,z)\,dz + V^s(y) \qquad (\text{IV. 8})$$

Ainsi, les équations de couplage sont exprimées dans (IV. 9).

$$\begin{cases} \dfrac{dV^s(y)}{dy} + j\omega L I(y) = V_S(y) = E_y^e(y,h) \\ \dfrac{dI(y)}{dy} + j\omega C V^s(y) = 0 \end{cases} \qquad (IV.\ 9)$$

Les conditions aux limites pour le modèle d'Agrawal sont exprimées dans (IV. 10) et (IV. 11) en fonction des tensions dues au champ électrique diffusé et du courant total le long de la ligne.

$$V^s(0) = -Z_0 I(0) + \int_0^h E_z^e(0,z)\,dz \qquad (IV.\ 10)$$

$$V^s(L) = Z_L I(L) + \int_0^h E_z^e(L,z)\,dz \qquad (IV.\ 11)$$

3. Le modèle de Rachidi

Le modèle de Rachidi, développé par Rachidi, est présenté dans [61]. Ce dernier modélise l'action d'une onde EM excitatrice sur une ligne de transmission en fonction des composantes du champ magnétique uniquement.

La première formulation de Rachidi est principalement inspirée des équations de couplage associées au modèle de Taylor en exprimant le champ électrique en fonction du champ magnétique excitateur à l'aide de la deuxième équation de Maxwell [19],[61].

Par conséquent, les nouvelles équations de couplage, en termes des composantes du champ magnétique excitateur, sont exprimées dans (IV. 12).

$$\begin{cases} \dfrac{dV(y)}{dy} + j\omega L I(y) = V_S(y) = -j\omega\mu_0 \int\limits_0^h H_x^e(y,z)dz \\[2ex] \dfrac{dI(y)}{dy} + j\omega C V(y) = I_S(y) = -\dfrac{1}{L'}\mu_0 \int\limits_0^h [\dfrac{\partial H_y^e(y,z)}{\partial x} - \dfrac{\partial H_x^e(y,z)}{\partial y}]dz \end{cases} \qquad \text{(IV. 12)}$$

Pour cette représentation du modèle de Rachidi, les conditions aux limites sont identiques à celles présentées dans (IV. 6) et (IV. 7).

La première formulation de Rachidi modélise l'action d'une onde EM excitatrice sur une ligne de transmission par une source de tension $V_s(y)$ et une source de courant $I_s(y)$ distribuées tout au long de la ligne et évaluées à partir des composantes du champ magnétique uniquement. Par conséquent, le schéma électrique équivalent de la ligne victime est donné par la Figure 82.

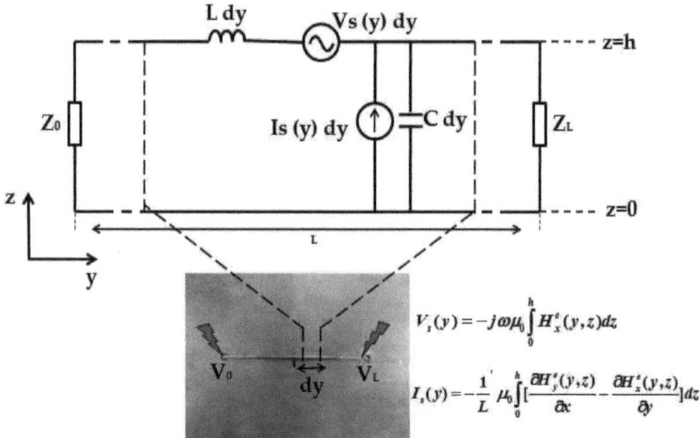

Figure 82 : Circuit équivalent de la ligne victime selon le modèle de Rachidi-
première formulation

Les équations de couplage associées au modèle de Rachidi peuvent être présentées sous une autre forme. En effet, et par analogie avec le modèle d'Agrawal, le courant total $I(y)$ peut être décomposé en courant dû au champ excitateur $I^e(y)$ et celui dû au champ diffusé par la ligne $I^s(y)$.

$$I(y) = I^e(y) + I^s(y) = \frac{\mu_0}{L} \int_0^h H_x^e(y,z)dz + I^s(y)$$

(IV. 13)

Ainsi les équations de couplage associées à la deuxième formulation de Rachidi sont exprimées dans (IV. 14).

$$\begin{cases} \dfrac{dV(y)}{dy} + j\omega L I^s(y) = 0 \\ \dfrac{dI^s(y)}{dy} + j\omega C V(y) = I_s(y) = -\dfrac{\mu_0}{L} \int_h^h (\dfrac{\partial H^e{}_y(y,z)}{\partial x})dz \end{cases}$$

(IV. 14)

Les conditions aux limites sont exprimées en (IV. 15) et (IV. 16).

$$I^s(0) = -\frac{V(0)}{Z_0} - \frac{\mu_0}{L} \int_0^h H_x^e(0,z)dz$$

(IV. 15)

$$I^s(L) = \frac{V(L)}{Z_L} - \frac{\mu_0}{L} \int_0^h H_x^e(L,z)dz$$

(IV. 16)

La deuxième formulation du modèle de Rachidi modélise l'action d'une onde EM excitatrice sur une ligne de transmission par une source de courant $I_s(y)$ distribuée tout au long de la ligne et deux sources de tension *I(0)* et *I(L)* localisées aux deux extrémités, exprimées en fonction des composantes du champ magnétique excitateur uniquement. Par conséquent, le schéma électrique équivalent de la ligne victime, selon la formulation de Rachidi, est donné par la Figure 83.

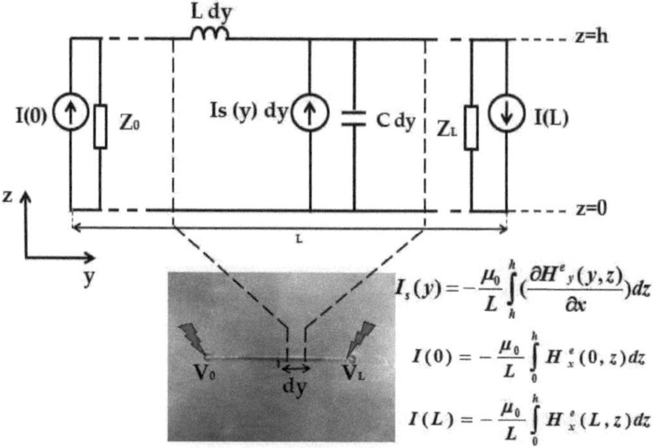

Figure 83 : Circuit équivalent de la ligne victime selon le modèle de Rachidi-deuxième formulation

4. Résolution des équations de couplage : équations de « BLT »

Dans notre travail, nous nous intéressons à la résolution des équations de couplage dans le domaine fréquentiel en utilisant les équations développées par Baum, Liu et Tesche, appelées équations « BLT » [62].

Le développement des équations « BLT » est établi en décomposant l'onde qui se propage tout au long de la ligne en deux ondes de directions opposées.

D'après les trois représentations des modèles de couplage (Taylor, Agrawal et Rachidi), nous remarquons que les deux circuits équivalents de la ligne victime associés au modèle de Taylor et à la première formulation du modèle de Rachidi sont similaires ; deux sources de courant et de tension distribuées tout au long de la ligne.

La seule différence est que pour l'approche de Taylor, ces deux sources sont exprimées en fonction des champs électrique et magnétique alors que pour le cas de la représentation de Rachidi, ces deux sources sont évaluées en se basant sur les composantes du champ magnétique uniquement.

Pour ces deux formalismes de couplage, et en se basant sur la formulation « BLT », la réponse de la ligne au niveau des deux extrémités est donnée par l'expression (IV. 17).

$$\begin{bmatrix} V_0 \\ V_L \end{bmatrix} = \begin{bmatrix} 1+\rho_1 & 0 \\ 0 & 1+\rho_2 \end{bmatrix} \begin{bmatrix} -\rho_1 & e^{\gamma L} \\ e^{\gamma L} & -\rho_2 \end{bmatrix}^{-1} \begin{bmatrix} \dfrac{1}{2}\displaystyle\int_0^L e^{\gamma y}(V_S(y)+Z_cI_S(y))dy \\ -\dfrac{1}{2}\displaystyle\int_0^L e^{\gamma(L-y)}(V_S(y)+Z_cI_S(y)dy \end{bmatrix} \qquad \text{(IV. 17)}$$

avec :

- Z_c est l'impédance caractéristique de la ligne

$$Z_c = \sqrt{\frac{R+jL\omega}{G+jC\omega}} \qquad \text{(IV. 18)}$$

- γ est la constante de propagation.

$$\gamma = \sqrt{(R+jL\omega)(G+jC\omega)} \qquad \text{(IV. 19)}$$

- $V_S(y)$ et $I_S(y)$ sont respectivement les sources de tension et de courant distribuées tout au long de la ligne.
- L : longueur de la ligne victime.
- $\rho_{1,2}$ sont les coefficients de réflexions au niveau des deux extrémités Z_0 et Z_L.

$$\rho_{1,2} = \frac{Z_{0,L} - Z_C}{Z_{0,L} + Z_C} \qquad\qquad \text{(IV. 20)}$$

Pour le formalisme d'Agrawal, la réponse de la ligne, au niveau des deux extrémités, est donnée par l'expression (IV. 21).

$$\begin{bmatrix} V_0 \\ V_L \end{bmatrix} = \begin{bmatrix} 1+\rho_1 & 0 \\ 0 & 1+\rho_2 \end{bmatrix} \begin{bmatrix} -\rho_1 & e^{\gamma L} \\ e^{\gamma L} & -\rho_2 \end{bmatrix}^{-1} \begin{bmatrix} \dfrac{1}{2}\displaystyle\int_0^L e^{\gamma y} V_S(y)\,dy - \dfrac{V^e(0)}{2} + \dfrac{V^e(L)}{2}e^{\gamma L} \\[3mm] -\dfrac{1}{2}\displaystyle\int_0^L e^{\gamma(L-y)} V_S(y)\,dy + \dfrac{V^e(0)}{2}e^{\gamma L} - \dfrac{V^e(L)}{2} \end{bmatrix} \qquad \text{(IV. 21)}$$

Pour simplifier la résolution des équations de couplage, nous avons adopté la première formulation du modèle de Rachidi pour pouvoir déterminer les tensions aux niveaux des extrémités, V_0 et V_L, à l'aide de l'expression (IV. 17).

III. Couplage du champ proche avec des lignes de transmission : conducteurs au dessus d'un plan de masse

L'étude et la modélisation des émissions rayonnées des dispositifs électroniques est une étape très importante pour la prédiction du couplage EM avec les structures voisines. Dans cette partie, nous nous intéressons à l'étude du couplage en champ proche avec les lignes de transmission type conducteurs au dessus d'un plan de masse. En effet, le dispositif perturbateur sera modélisé par un ensemble de sources équivalentes placées sur les cinq faces d'un parallélépipède (Figure 55). Ensuite, ce modèle sera utilisé pour évaluer le champ EM qui perturbe la ligne de transmission. Cette dernière est placée dans la zone de champ proche.

Dans ce paragraphe, nous présentons dans une première partie l'approche adoptée pour la modélisation du couplage EM. Ensuite, nous exposons un exemple permettant de mettre en œuvre de l'utilité du modèle d'émission rayonnée 3D pour une meilleure précision du couplage EM en le comparant avec les modèles traditionnels 2D développés antérieurement dans notre laboratoire [33], [44].

1. Description de l'approche de modélisation du couplage EM avec les lignes de transmission

L'approche de modélisation du couplage EM est basée sur l'association des formalismes de couplage, avec le modèle d'émission rayonnée 3D du dispositif perturbateur pour déterminer les tensions induites sur les extrémités de la ligne de transmission (ligne victime).

Pour évaluer les tensions induites aux extrémités d'une ligne de transmission victime suite à une excitation électromagnétique non uniforme, nous procédons comme le montre la Figure 84. Elle présente les différentes étapes de modélisation du couplage EM induit avec une ligne de transmission.

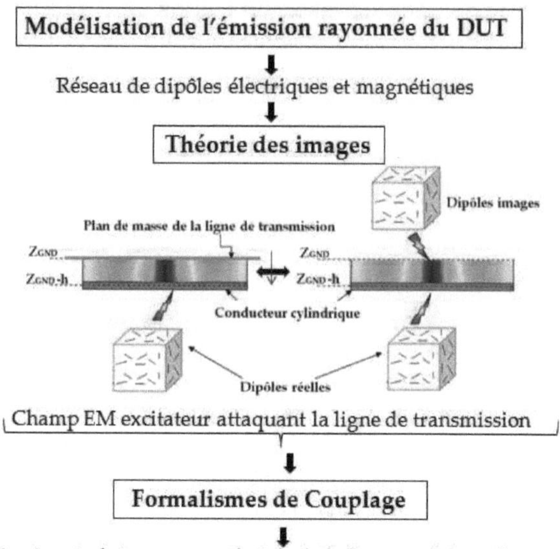

Figure 84 : Différentes étapes de modélisation du couplage EM avec une ligne de transmission

- **<u>Etape 1 : Modélisation des émissions rayonnées du DST</u>**

La source rayonnante (DST perturbateur) d'une carte électronique est modélisée par un réseau de dipôles élémentaires (dipôles électriques et magnétiques) distribués sur les surfaces d'un parallélépipède possédant les mêmes dimensions géométriques que le DST. Cette approche de modélisation est détaillée dans le chapitre III. Ainsi, le DST sera représenté par une boite noire renseignant son niveau de rayonnement EM. Cette étape permet de préserver la confidentialité du DST. En effet, seules les cartographies des composantes tangentielles du champ EM sont nécessaires pour construire le modèle rayonné.

Comme nous l'avons mentionné dans la section II de ce chapitre, le champ EM excitateur est composé d'un champ rayonné par le DST perturbateur (champ incident) et du champ réfléchi par le plan de masse de la ligne de transmission victime. Le champ EM incident est évalué par le rayonnement des dipôles élémentaires. Le champ réfléchi peut être évalué à l'aide de la théorie des images [19]: un dipôle élémentaire distant de « h » d'un plan de masse considéré comme parfaitement conducteur peut être remplacé par deux dipôles (le dipôle réel +son image) placés de façon symétrique à 2h et parcourus par un courant dont le sens dépend de la nature du dipôle et de son orientation. La Figure 85 présente la théorie des images appliquée pour deux cas : un dipôle électrique(ou magnétique) placé une fois parallèle au plan de masse et une autre perpendiculaire à celui-ci.

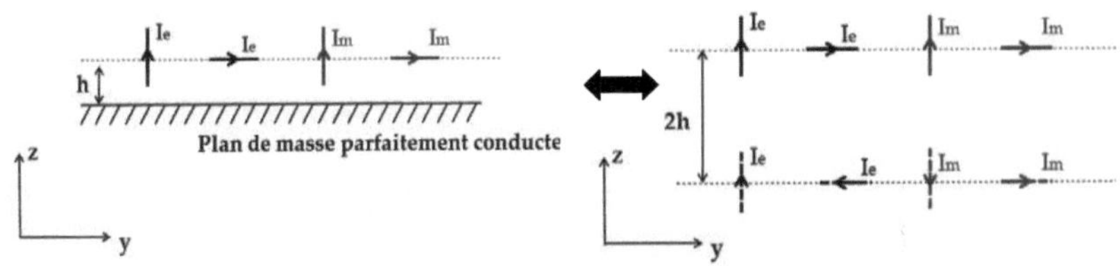

Figure 85 : Théorie des images appliquée pour des dipôles électriques et magnétiques placés au dessus d'un plan de masse

Pour le modèle d'émission 3D, les dipôles élémentaires (électriques et magnétiques) sont orientés d'une manière arbitraire sur les cinq faces entourant le DST de façon à reproduire le même rayonnement EM. En effet, comme nous l'avons vu, deux orientations sont définies : l'orientation en azimut (ϕ_e, ϕ_m) et l'orientation en élévation (θ_e, θ_m), respectivement pour les dipôles électriques et magnétiques.

Pour appliquer la théorie des images pour le cas d'un réseau de dipôles 3D, nous projetons les dipôles sur les trois axes (x,y,z) et nous appliquons ensuite la théorie des images pour chaque composante du dipôle par rapport à l'axe de projection.

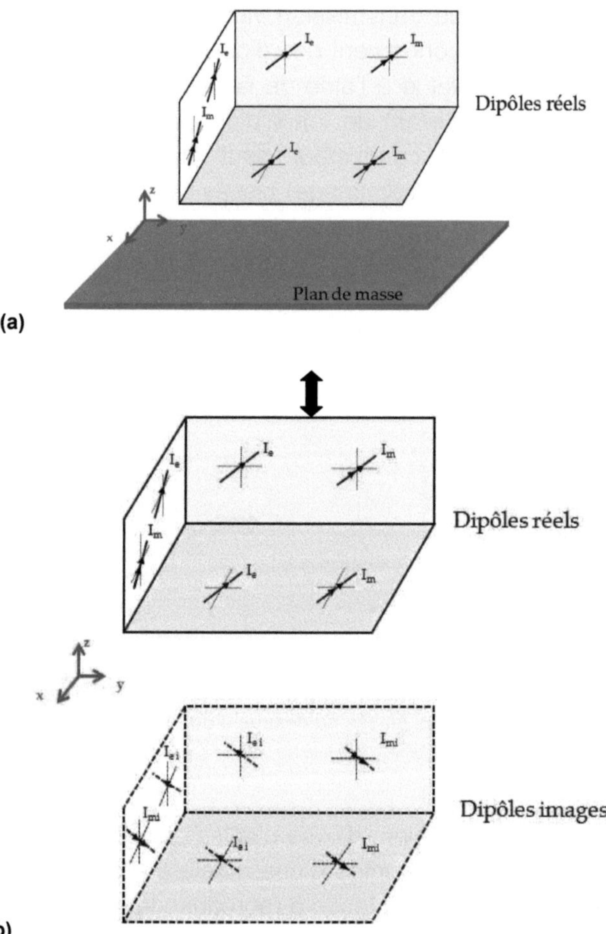

Figure 86 : Théorie des images 3D

La Figure 86 illustre le principe de la théorie des images dans le cas d'une disposition 3D des dipôles [75].

Les différentes composantes du champ EM excitateur peuvent être alors calculées en effectuant la somme des composantes du champ EM incident rayonné par les dipôles réels et du champ réfléchi rayonné par les dipôles images.

- **<u>Etape 3 : Evaluation des tensions induites aux extrémités de la ligne victime</u>**

Cette étape consiste à utiliser les formalismes de couplage (Taylor, Agrawal et Rachidi) pour estimer les tensions induites aux extrémités de la ligne victime. Le champ excitateur est évalué dans la zone d'intérêt (ZI) : une surface délimitée par le plan de masse de la ligne de transmission et l'axe central du conducteur comme présentée sur la Figure 87.

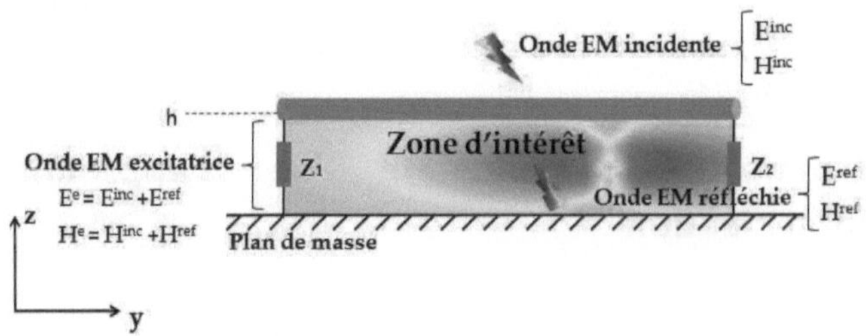

Figure 87 : Zone d'intérêt de la ligne de transmission

Une fois que le champ EM dans la ZI est évalué, le modèle électrique de la ligne de transmission peut être établi en représentant l'effet du couplage EM par des sources de tensions et de courant distribuées le long de la ligne ou localisées sur les extrémités selon la nature du formalisme adopté.

Les paramètres linéiques R, L et C d'un conducteur en cuivre situé au dessus d'un plan de masse sont évalués selon les expressions (IV. 22), (IV. 23) et (IV. 24) [55].

$$R = \frac{1}{2r_{cond}}\sqrt{\frac{\mu}{\pi\sigma}}\,f \qquad\qquad \text{(IV. 22)}$$

$$C = \frac{2\pi\varepsilon_0}{\text{arccos } h(\frac{h}{a})} \qquad\qquad \text{(IV. 23)}$$

$$L = \frac{\mu_0}{2\pi}\text{arccos } h(\frac{h}{a}) \qquad\qquad \text{(IV. 24)}$$

avec : r_{cond} est le rayon du conducteur, σ est la conductivité du matériau formant le conducteur (cuivre, σ_{cuivre}= 58e6 Siemens/m) et $\mu = \mu_0\mu_r$ est la perméabilité du milieu considéré (μ_r étant la perméabilité relative, pour le cuivre ; $\mu_{cuivre} \approx 1$).

Enfin, les tensions induites aux extrémités, qui traduisent le couplage EM, peuvent être calculées en se référant aux équations (IV. 17) et (IV. 21).

2. Exemples d'application de l'approche de modélisation

Dans cette partie, nous présentons deux exemples permettant d'appliquer l'approche de modélisation décrite dans la section précédente et de la valider en confrontant les résultats de modélisation avec ceux issus des simulations numériques (HFSS) et des mesures champ proche :

- Etude du couplage entre l'arceau 3D et un conducteur au dessus d'un plan de masse
- Etude du couplage entre une self torique et un conducteur au dessus d'un plan de masse

A. Couplage entre l'arceau 3D et un conducteur au dessus d'un plan de masse

Dans cette partie, nous étudions le couplage en champ proche entre l'arceau 3D et un câble au dessus d'un plan de masse à la fréquence 30 MHz : même valeur de fréquence utilisée pour la modélisation des émissions rayonnées de l'arceau 3D détaillée dans le chapitre III.

La ligne de transmission (ligne victime) est un conducteur cylindrique au dessus d'un plan de masse de longueur L=45 mm, de rayon « a » égale à 0.5 mm et la distance « h » séparant l'axe central du conducteur et son plan de masse est approximée à 0.7 mm. La Figure 88 illustre la photo de la ligne victime ainsi que ses dimensions géométriques.

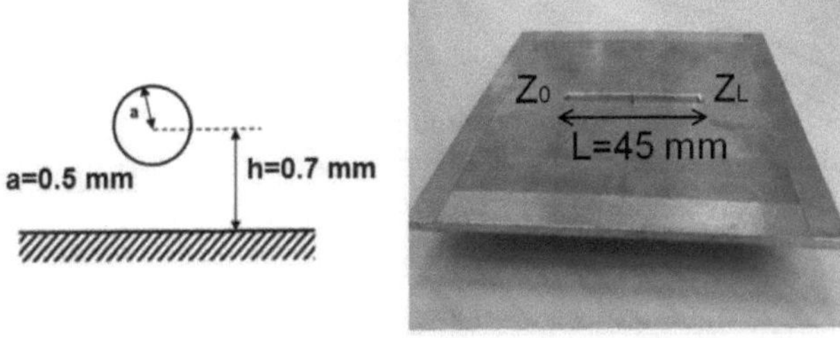

Figure 88 : Ligne de transmission victime

Cette ligne victime est orientée suivant l'axe « y ». Elle est placée selon l'axe « z » à une distance d= 7mm au dessus de l'arceau 3D : c'est la distance qui sépare la surface supérieure de l'arceau 3D et le plan de masse du conducteur. Cette distance, en zone de champ proche à la fréquence de fonctionnement, est arbitrairement choisie comme exemple d'illustration. La

Figure 89 montre la représentation schématique de l'ensemble ligne de transmission-arceau 3D avec les différentes distances et dimensions géométriques.

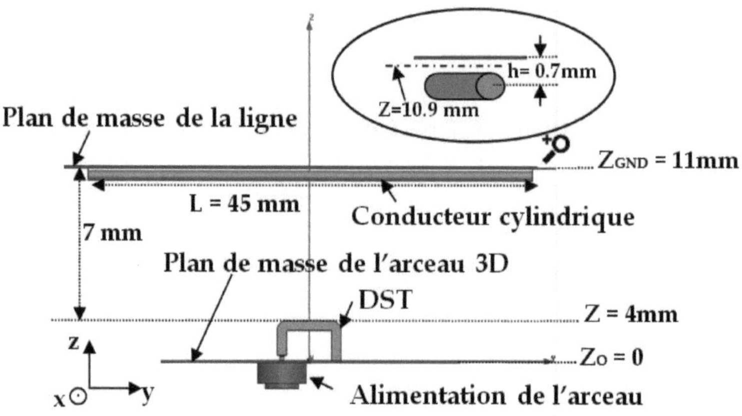

Figure 89 : Représentation schématique du couplage entre l'arceau 3D et la ligne de transmission

Pour étudier le couplage EM entre cette ligne et l'arceau 3D, l'ensemble est simulé sous HFSS, comme le montre la Figure 90, pour évaluer les tensions induites aux extrémités de la ligne (Extrémités 1 et 2) en considérant différentes positions de la ligne sur l'axe des « x » pour différentes valeurs de charges d'extrémités.

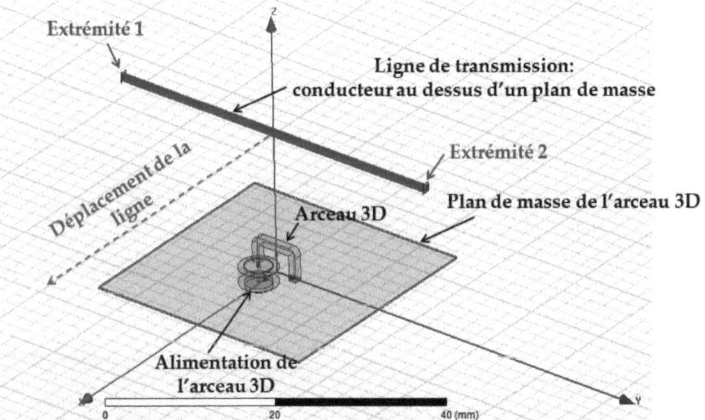

Figure 90 : Schéma de simulation du couplage EM entre l'arceau 3D et la ligne de transmission

Ensuite, nous procédons par les différentes étapes décrites dans la Figure 84 : Les trois formalismes de couplage (Taylor, Agrawal et Rachidi), associés avec le modèle d'émission rayonnée de l'arceau sont implémentés sous MATLAB pour estimer dans un premier temps le champ EM excitateur dans la ZI et calculer ensuite les valeurs des tensions induites sur les deux terminaisons de la ligne.

Comme première étape, nous validons l'application de la théorie des images pour une distribution 3D des dipôles électriques et magnétiques retenus pour la modélisation du rayonnement EM de l'arceau 3D. Pour ce faire, nous comparons le rayonnement des dipôles réels et leurs images avec les résultats de la simulation EM dans laquelle nous avons considéré uniquement l'arceau 3D en présence du plan de masse de la ligne à la même distance « d ».

Les différentes composantes du champ EM excitateur modélisées sont comparées avec les résultats de simulation EM dans un plan parallèle au plan de masse de la ligne victime : un plan XY dans la zone d'intérêt à z= 10.9 mm et qui passe par le milieu de la ZI (

Figure 89). L'ensemble des résultats sont présentés dans la Figure 91.

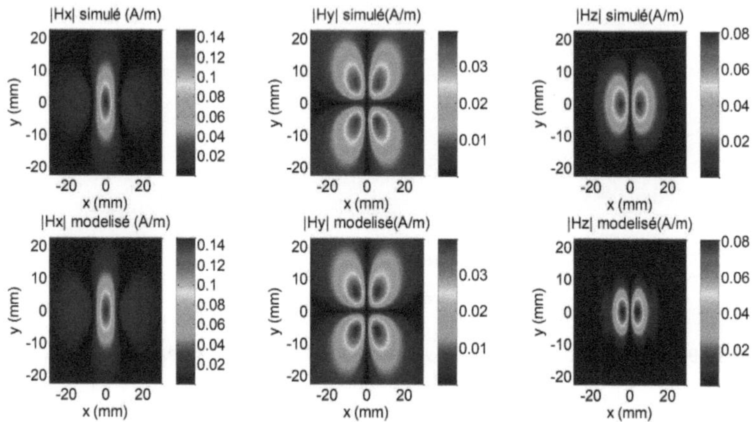

(a) Composantes du champ magnétique

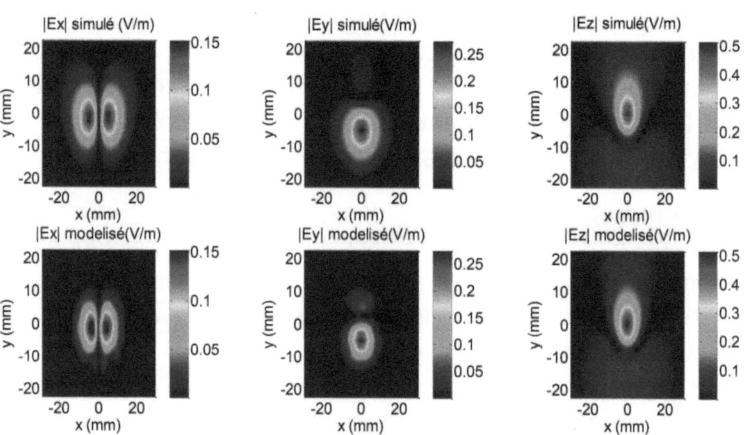

(b) Composantes du champ électrique

Figure 91 : Comparaison entre les composantes modélisées et simulées du champ EM dans la ZI-plan XY à z= 10.9 mm

De la même façon, nous comparons les différentes composantes du champ EM dans un plan perpendiculaire au plan de masse de la ligne victime (plan YZ) situé à une distance x=10 mm (Figure 92).

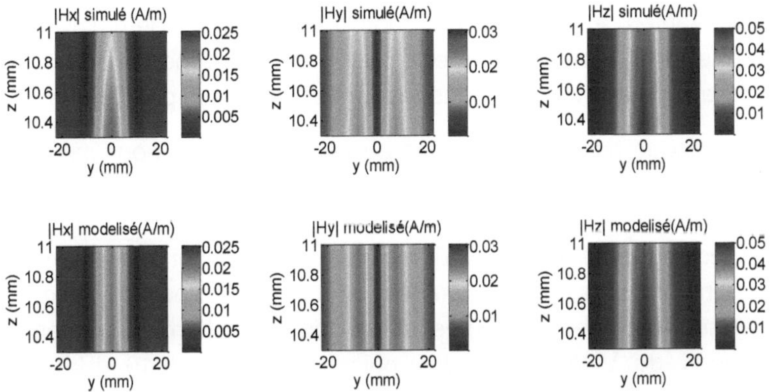

(a) Composantes du champ magnétique

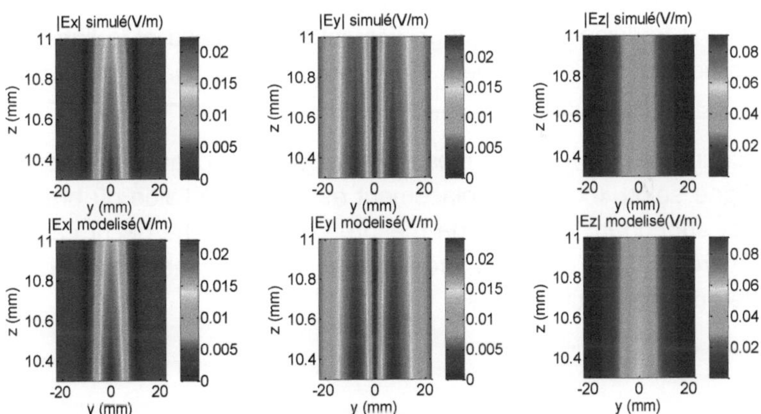

(b) Composantes du champ électrique

Figure 92 : Comparaison entre les composantes modélisées et simulées du champ EM dans la ZI-plan YZ à x= 10 mm

Nous observons une très bonne concordance entre les cartographies modélisées et simulées des différentes composantes du champ EM excitateur dans la ZI pour les deux plans XY et YZ. Ainsi, nous pouvons alimenter les modèles du couplage avec les composantes excitatrices du champ EM bien évidemment pour chaque formalisme séparément, pour prédire la réponse de la ligne victime suite aux perturbations rayonnées produites par l'arceau 3D.

Pour chaque position de la ligne suivant l'axe « x », nous calculons les tensions induites issues de la modélisation, de la simulation EM paramétrique et de la mesure. En effet, nous avons mis en place une technique de mesure pour évaluer pratiquement les valeurs des tensions induites aux extrémités de la ligne. Pour ce faire, un analyseur de réseau (VNA) est utilisé comme instrument de mesure. Le port1 du VNA injecte une puissance égale à 10 dBm pour alimenter l'arceau 3D. Le port2 est connecté à une extrémité de la ligne victime pour l'acquisition des paramètres de transmission S_{21} entre l'arceau et la ligne. Ces derniers sont ensuite convertis en tensions traduisant le couplage EM entre la l'arceau et la ligne. Un amplificateur faible bruit peut être inséré dans la chaine de mesure dans la partie réception.

L'acquisition des tensions mesurées se fait pour chaque position de la ligne selon « x ».Ce déplacement est réalisé à l'aide du bras du robot supportant la sonde de mesure champ proche décrit dans le chapitre II. La Figure 93 présente le banc de mesure avec les différents dispositifs utilisés.

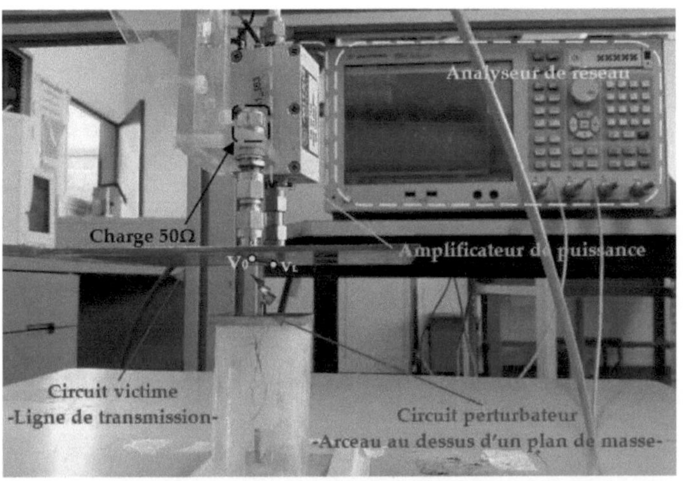

Figure 93 : « Set-up » pour la mesure des tensions induites aux extrémités de la ligne suivant l'axe « x »

Plusieurs configurations ont été retenues pour valider l'approche proposée : cas d'une ligne victime adaptée et deux cas d'une ligne victime désadaptée. L'extrémité liée à l'instrument de mesure z_L est toujours égale à 50Ω ce qui correspond à la valeur de l'impédance caractéristique de la ligne de transmission.

La Figure 94 présente une comparaison entre les résultats de modélisation en utilisant les trois formalismes de couplage (Taylor, Agrawal et Rachidi), les résultats de la simulation EM et les résultats de la mesure.

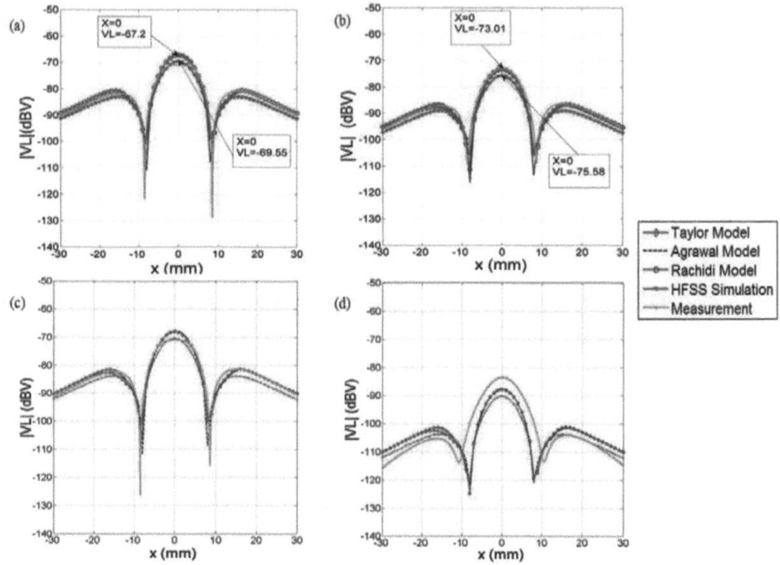

Figure 94 : Tensions induites pour différentes configurations de la ligne victime: (a) Ligne court-circuitée (Z_0=0 ; Z_L= Z_c) (b) Ligne adaptée (Z_0=Z_c ; Z_L= Z_c) (c) Ligne désadaptée (Z_0=Z_c/10 ; Z_L= Z_c) (d) Ligne désadaptée (Z_0=10.Z_c ; Z_L= Z_c)-Cas du modèle 3D

Pour les différentes figures, nous observons une très bonne similitude entre les trois modèles de couplage utilisant des composantes différentes du champ EM excitateur rayonné par le modèle 3D. En outre, la bonne corrélation entre la mesure, la simulation et la modélisation nous permet de valider l'approche de modélisation. Néanmoins, quelques différences notamment pour le cas de la ligne désadaptée (Z_0=10.Z_c ; Z_L= Z_c) peuvent être signalées. En effet, pour cette configuration, le niveau de la tension mesurée est très faible (≈ -107 dBV en moyenne) ce qui est très proche du niveau de bruit de l'instrument de mesure (≈ -90 dBm ce qui correspond à un niveau de tension autour de -100dBV) .

En conclusion, les résultats sont considérés comme satisfaisants et permettent de valider le modèle avec une précision relative de $\left|\Delta V_{3D}/V\right| \approx 2/75 = 2.6\%$ pour la zone où le couplage EM est très important (x=0mm).

B. Mise en évidence de l'apport du modèle d'émission rayonnée 3D pour une meilleure prédiction du couplage EM

Pour mettre en évidence l'apport de la modélisation des émissions rayonnées 3D pour la précision de la prédiction du couplage onde EM-ligne de transmission, nous avons considéré le même cas de test : le couplage entre l'arceau 3D et un conducteur au dessus d'un plan de masse.

Pour ce cas, nous modélisons le rayonnement EM de l'arceau uniquement par la méthode 2D détaillée dans le chapitre I (section III-1-C). En effet, une simulation EM a été effectuée pour récupérer les cartographies des composantes EM du champ rayonné par l'arceau à deux distances distinctes 5mm et 10 mm. Le modèle 2D est alors construit à partir des données du champ EM à 5mm et validé par comparaison avec les résultats de simulation à 10 mm.

Les cartographies utilisées comme données d'entrée du modèle 2D ont été choisies de façon à avoir des surfaces relativement grandes (« S » : 100 mm(x) × 100 mm (y)) afin de récupérer le maximum d'informations sur les zones de fort champ au dessus de l'arceau y compris la contribution des rayonnements des autres surfaces entourant le DST. Le modèle a été construit en utilisant un réseau de 676 dipôles électriques et 676 dipôles magnétiques distribués sur la surface « S » et distants de 4 mm suivant les deux axes « x » et « y ». La Figure 95 et la Figure 96 présentent les résultats de modélisation des émissions rayonnées 2D de l'arceau en comparant le champ modélisé avec le champ simulé à 10 mm au dessus du DST.

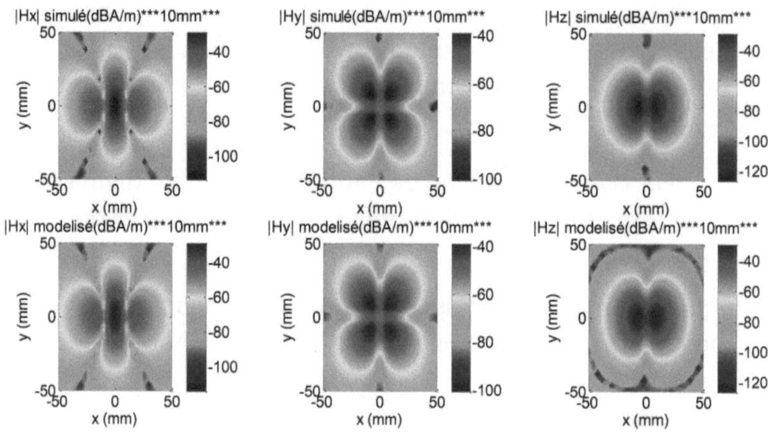

(a) Amplitudes des composantes du champ magnétique

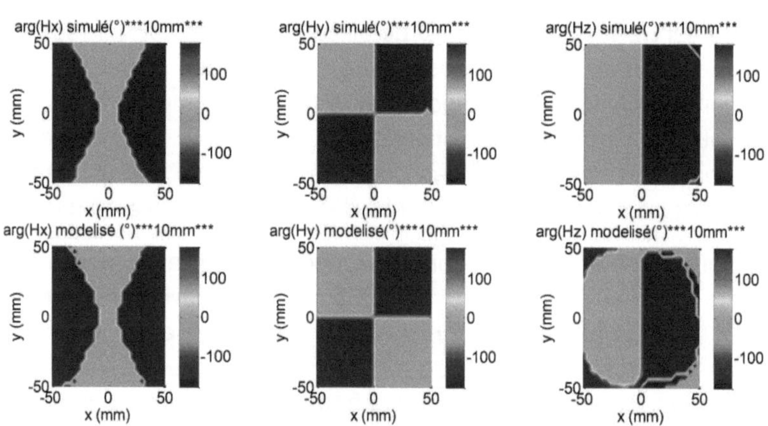

(b) Phases des composantes du champ magnétique

Figure 95 : Comparaison entre les trois composantes simulées et modélisées du champ magnétique en 2D

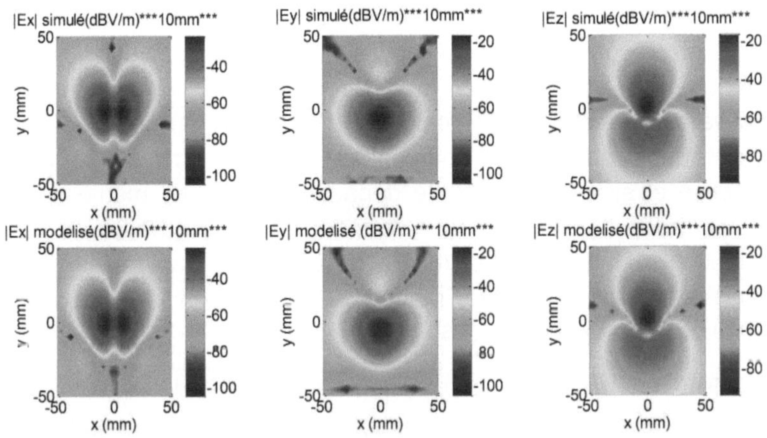

(a) Amplitudes des composantes du champ électrique

(b)

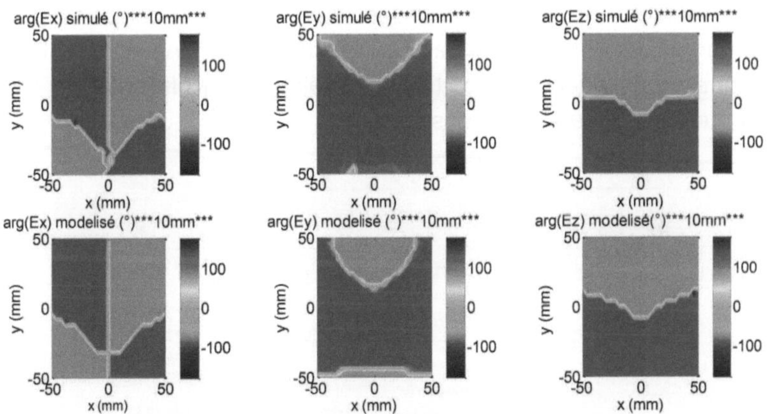

(c) Phases des composantes du champ électrique

Figure 96 : Comparaison entre les trois composantes simulées et modélisées du champ magnétique en 2D

Comme nous pouvons le constater, une bonne similitude existe entre les résultats de modélisation 2D et de la simulation. En revanche, le modèle 2D nécessite un nombre de dipôles relativement élevé (676 dipôles électriques et 676 dipôles magnétiques) pour que le pourcentage d'erreur entre le champ EM modélisé et simulé à 5 mm ne dépasse pas 4% (le même critère d'erreur adopté pour l'approche de modélisation 3D présentée dans la section III-1 du chapitre III). En revanche, ce nombre de dipôle dépasse largement celui du modèle 3D (260 dipôles électriques et 260 dipôles magnétiques) [76].

Afin de mieux examiner la précision des deux modèles d'émission vis-à-vis la prédiction du couplage EM, nous comparons les cartographies, sur une surface de 100mm(x)*100mm(y), des composantes modélisées du champ EM excitateur par les deux approches 2D et 3D dans la ZI. Ces dernières constituent les données d'entrée de base pour les formalismes de couplage pour évaluer les tensions induites aux extrémités de la ligne victime. Pour ce faire, nous effectuons cette comparaison à la distance z= 10.9 mm : une distance située dans la ZI.

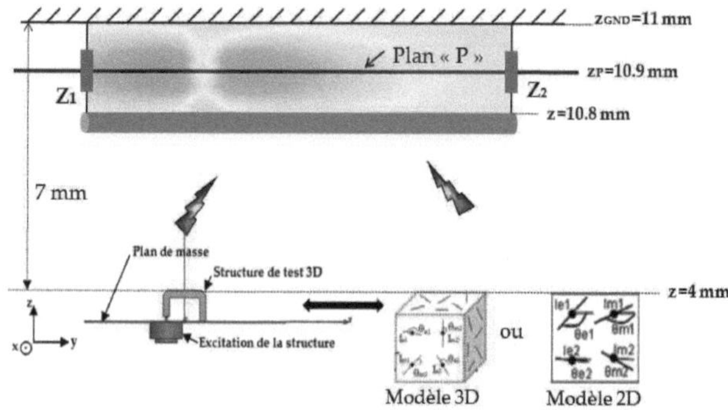

Figure 97 : Illustration de la comparaison entre le modèle 2D et 3D pour la prédiction du couplage EM

La Figure 97 illustre, par un schéma explicatif, la comparaison entre les modèles 2D et 3D de l'arceau.

Les différentes étapes suivies pour comparer la précision des deux modèles sont décrites dans la Figure 98.

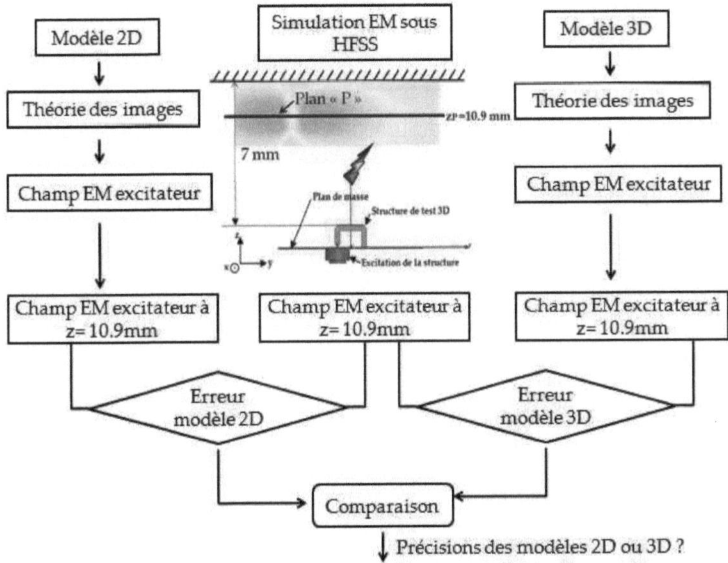

Figure 98 : Etapes suivies pour la comparaison des deux modèles 2D et 3D

Les pourcentages d'erreur évalués pour les six composantes du champ EM sont calculés en se référant à l'expression (IV. 25) et résumés dans le Tableau 5.

$$error_{(\%)} = \sum_{i=1}^{M} \left(\frac{\left|(H/E)_{sim}(M_i) - (H/E)_{(2D/3D)}(M_i)\right|^2}{\sum_{i=1}^{M} \left|(H/E)_{sim}(M_i)\right|^2} \right) \qquad \text{(IV. 25)}$$

Tableau 5 : Comparaison entre les pourcentages d'erreur produits par les modèles 2D et 3D

	E_x	E_y	E_z	H_x	H_y	H_z
Modèle 3D	0.14	0.77	1.57	0.16	0.12	0.11
Modèle 2D	1.07	1.05	4.09	2.75	2.87	1.07

Nous remarquons, pour toutes les composantes du champ EM, que les erreurs produites par le modèle 2D sont nettement plus importantes que celles produites par le réseau de dipôles 3D. Ceci démontre la précision de la prédiction du rayonnement EM du modèle 3D par rapport à l'approche 2D classique.

Nous avons également évalué les tensions induites aux extrémités de la ligne victime en utilisant le modèle 2D. Deux cas ont été testés : le cas d'une ligne adaptée et le cas d'une ligne désadaptée. Les résultats sont présentés sur la Figure 99.

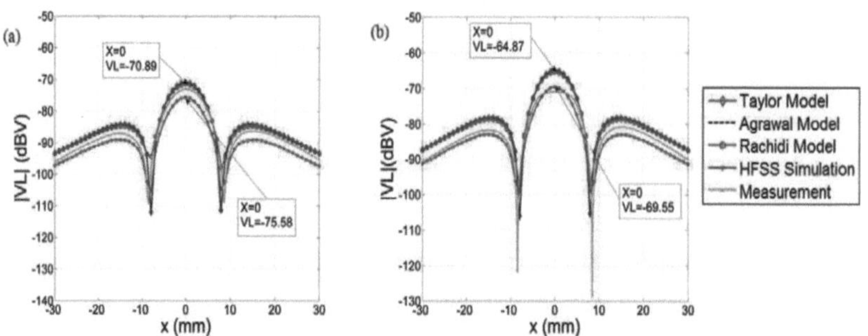

Figure 99 : Tensions induites pour deux configurations de la ligne victime: (a) Ligne adaptée (Z_0=Zc ; Z_L= Zc) (b) Ligne court-circuitée (Z_0=0 ; Z_L= Z_c)-Cas du modèle 2D

Nous remarquons, en comparant les résultats de la Figure 94 et de la Figure 99, que l'utilisation du modèle 3D pour l'évaluation des tensions induites apporte une précision relative de $|\Delta V_{3D}/V| \approx 2/75 = 2.6\%$ par rapport à $|\Delta V_{2D}/V| \approx 5/75 = 6.6\%$ pour le cas où le modèle 2D est utilisé.

C. Couplage entre une Self torique et un conducteur au dessus d'un plan de masse

Dans cette partie, nous présentons un deuxième exemple d'application de l'approche proposée pour prédire le couplage EM entre la self torique modélisée en 3D dans le chapitre III et la ligne de transmission présentée sur la Figure 88.

Pour cet exemple, la ligne victime est distante de 15mm par rapport à la surface supérieure de la self torique. La Figure 100 montre une représentation schématique de l'ensemble ligne de transmission-self torique [72].

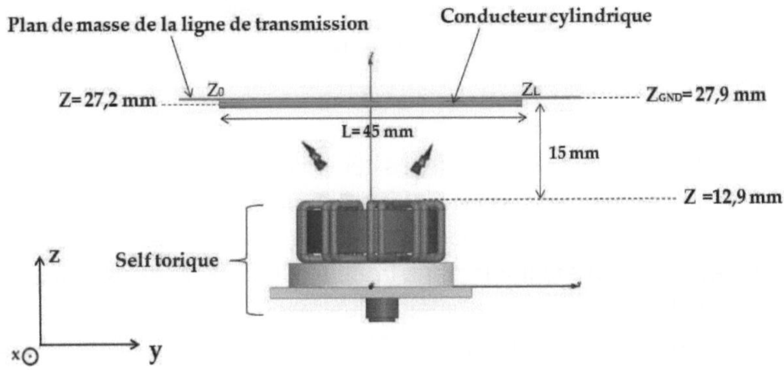

Figure 100 : Représentation schématique du couplage EM entre la self torique et la ligne de transmission

Pour cet exemple, la procédure de modélisation est basée sur la simulation EM. Pour cela, l'ensemble self torique-ligne de transmission a été modélisé sous HFSS. Les tensions induites sont calculées pour chaque position de la ligne selon l'axe des « x » comme présentée sur la Figure 101.

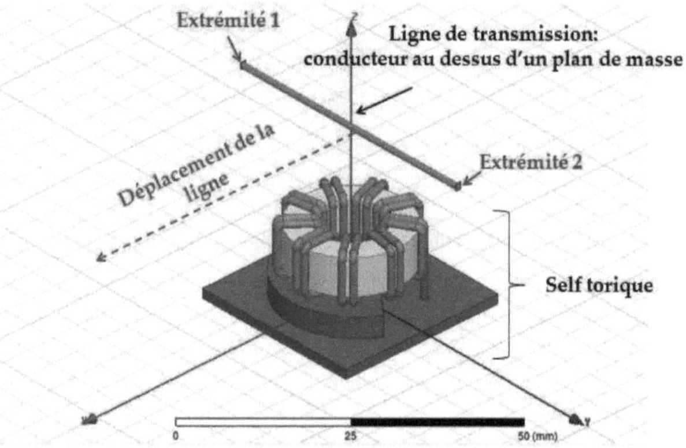

Figure 101 : Schéma de simulation du couplage EM entre la self torique et la ligne de transmission

Avant de procéder au calcul des tensions aux extrémités 1 et 2, nous comparons le champ EM excitateur (champ rayonné par la self torique + champ réfléchi par le plan de masse de la ligne victime) modélisé et simulé dans la ZI. Pour ce faire, deux plans ont été considérés comme exemples d'illustration :
- Plan XY à z= 27.8 mm.
- Plan YZ à x= 0 mm.

La Figure 102 présente les cartographies modélisées et simulées du champ EM excitateur dans le plan XY.

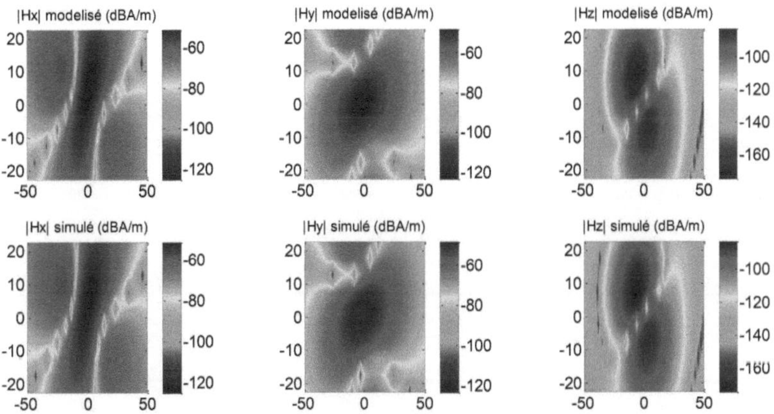

(a) Amplitudes des composantes du champ magnétique

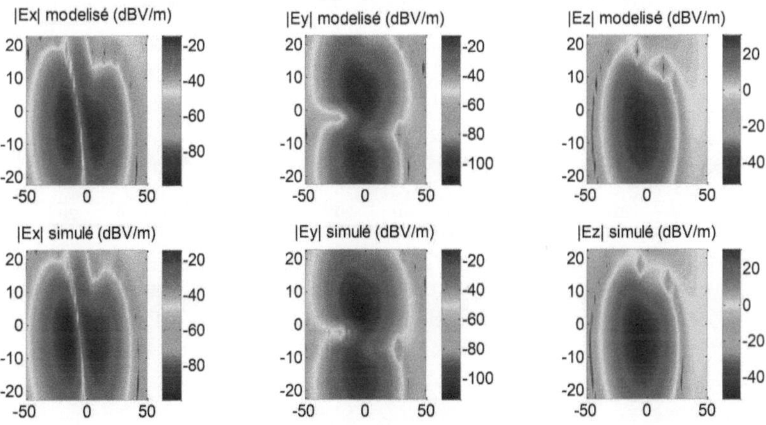

(b) Amplitudes des composantes du champ électrique

Figure 102 : Comparaison entre les composantes modélisées et simulées du champ EM dans la ZI-plan XY à z= 27.8 mm

Les cartographies modélisées et simulées du champ EM excitateur dans le plan YZ sont présentées dans la Figure 103.

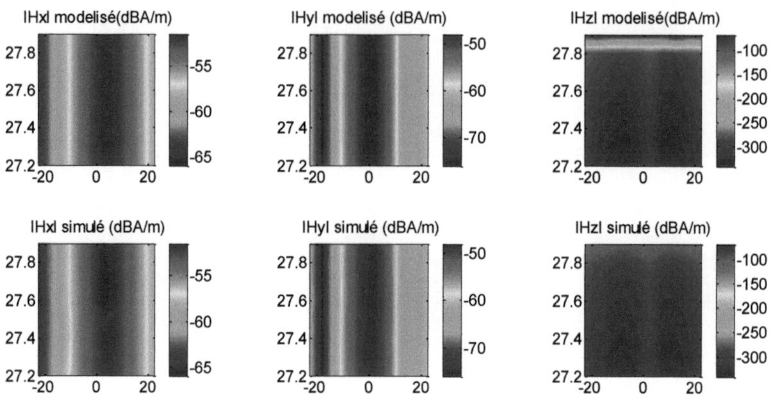

(a) Amplitudes des composantes du champ magnétique

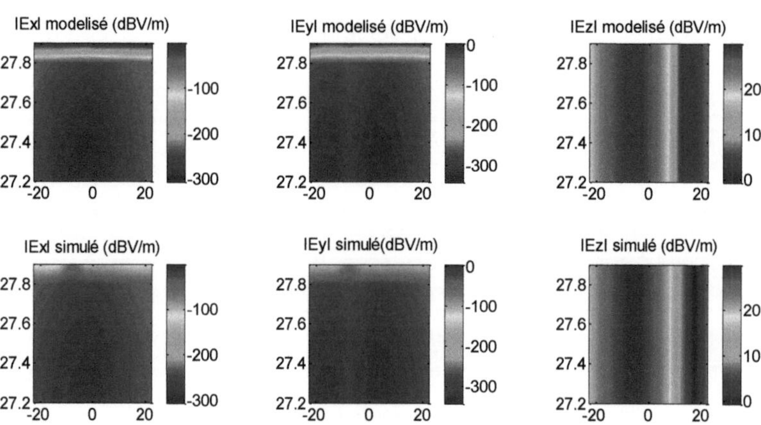

(b) Amplitudes des composantes du champ électrique

Figure 103 : Comparaison entre les composantes modélisées et simulées du champ EM dans la ZI-plan YZ à x= 0 mm

Une très bonne concordance entre les différentes composantes modélisées et simulées du champ EM excitateur peut être observée. Nous pouvons procéder ainsi à l'évaluation des tensions induites aux extrémités de la ligne de transmission.

Vu que les selfs toriques sont principalement des sources de rayonnement du champ magnétique, nous avons implémenté les deux modèles de couplage suivants : les modèles de Taylor et de Rachidi puisqu'ils incorporent dans leurs formulations seulement la contribution du champ magnétique excitateur. La Figure 104 illustre la comparaison entre les résultats numériques (HFSS) et modélisés (Taylor et Rachidi) pour plusieurs configurations de charges placées à l'extrémité 2 (V_L).

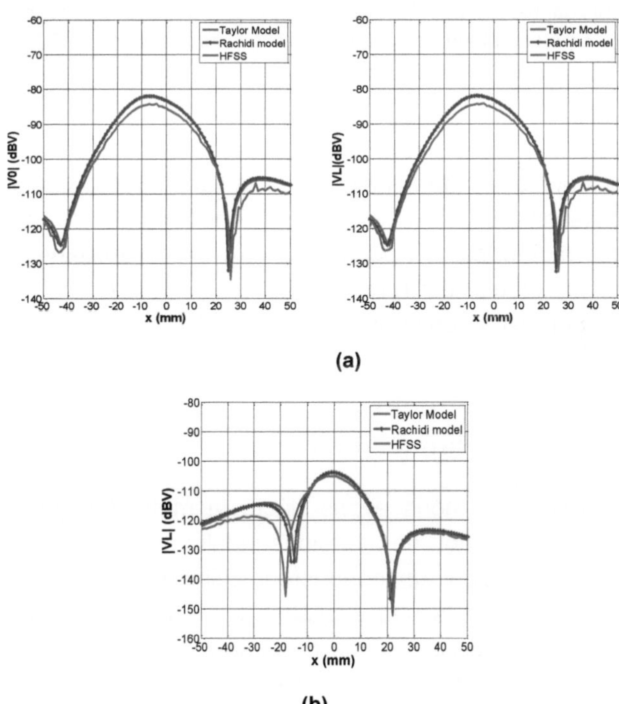

(a)

(b)

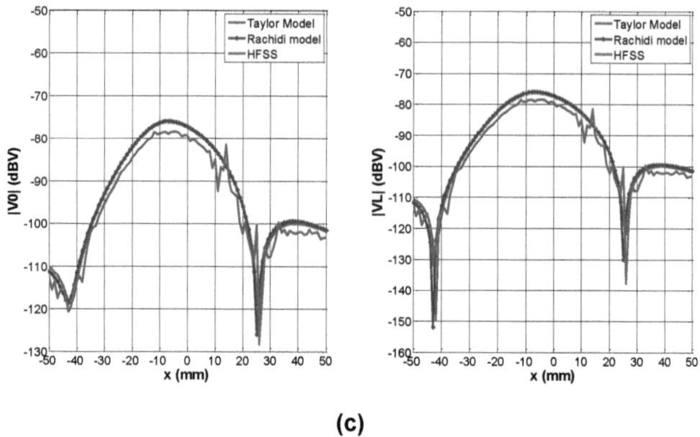

(c)

**Figure 104 : Tensions induites pour plusieurs configurations de la ligne victime:
(a) Ligne adaptée (Z₀=Zc ; Z_L= Zc) (b) Ligne court-circuitée (Z₀=court-circuit;
Z_L=Z_c) (c) Ligne en circuit-ouvert (Z₀=circuit-ouvert; Z_L=Z_c).**

La comparaison entre les tensions obtenues par le modèle de Taylor et Rachidi aux terminaisons de la ligne avec celles obtenues par simulation EM montre une bonne cohérence entre les différentes méthodes. Un écart peut être observé quand le niveau de la tension induite est relativement faible (Figure 104-(b)) : cette valeur est approximé en moyenne à -125 dBV.

IV. Nouvelle approche de modélisation du couplage EM avec les lignes microrubans

Dans la section III, nous avons décrit la méthodologie proposée permettant la prédiction des tensions induites aux extrémités d'une ligne de transmission, un conducteur cylindrique au dessus d'un plan de masse, suite à une excitation EM provenant d'un élément perturbateur placé dans la zone de champ proche. Cette approche de modélisation est basée sur l'association du modèle d'émission rayonnée 3D, qui offre une meilleure précision par rapport au modèle 2D, et les formalismes analytiques de couplage (Taylor, Agrawal et Rachidi).

Dans cette partie, nous nous intéressons à la prédiction du couplage ondes EM-lignes microrubans dans la zone de champ proche. En effet, dans les cartes électroniques, les lignes microrubans représentent les interconnexions les plus utilisées (pistes des circuits imprimés,…) [65].

Contrairement aux lignes de type conducteur au dessus d'un plan de masse, les lignes microrubans (Figure 105) sont constituées de deux milieux différents, l'air et le substrat qui sépare deux conducteurs (piste et plan de masse de la ligne de transmission). Dans ce cas, l'onde EM excitatrice subit l'effet de la transition entre ces deux milieux qui engendre des réflexions successives à l'interface entre ces deux milieux inhomogènes. La modélisation de cet effet s'avère difficile notamment quand il s'agit d'une onde excitatrice non uniforme.

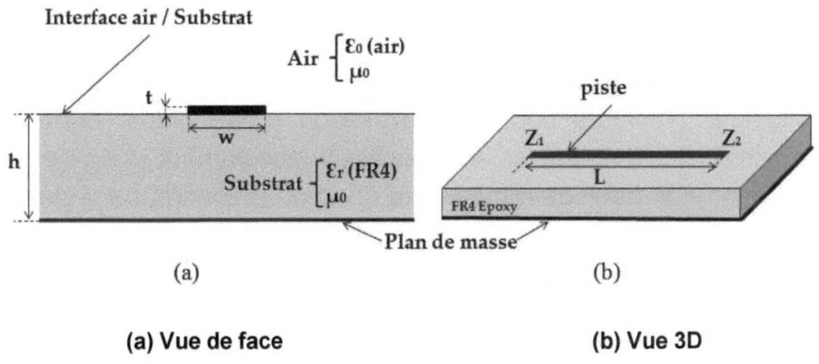

(a) Vue de face **(b) Vue 3D**

Figure 105 : Ligne microruban (ou PCB)

Quelques approches ont été proposées dans la littéraire pour étudier et prédire ce type de couplage. En effet, le travail reporté dans [77] présente une procédure de modélisation permettant d'étudier la réponse d'une ligne microruban suite à une excitation type onde plane. Ce modèle nécessite la détermination des coefficients de réflexion à la surface du diélectrique, et également au niveau du plan de masse pour déduire les tensions induites au niveau des charges de la ligne victime en utilisant le modèle d'Agrawal. Pour simplifier le calcul de l'onde réfléchie suite au passage de l'onde EM entre ces deux milieux inhomogènes, il était nécessaire de décomposer l'onde plane incidente en une onde plane transverse électrique (TE) et une onde plane transverse magnétique (TM). En revanche, ce calcul n'est plus évident pour le cas d'une onde excitatrice non uniforme.

Dans [50], les auteurs présentent une procédure de modélisation pour le cas d'une excitation non uniforme produite par une sonde excitée par une puissance perturbatrice. Le modèle proposé, est basé sur l'utilisation de résultats de simulation EM. En effet, la structure élément perturbateur- ligne microruban est modélisée sous un outil de simulation EM (HFSS) en l'absence de la piste pour déterminer le champ excitateur (incident et réfléchi par le plan de masse). Les tensions induites sont alors déterminées en utilisant le modèle d'Agrawal. Cette procédure présente l'avantage de pouvoir considérer plusieurs sources d'excitation (onde plane, onde non uniforme,...). En revanche, elle nécessite absolument une phase de simulation EM pour déterminer les champs rayonnés par l'élément perturbateur ce qui n'est pas toujours possible notamment quand il s'agit des circuits actifs.

Dans cette partie, nous proposons une nouvelle approche purement analytique permettant la prédiction du couplage entre les ondes EM non uniformes et des lignes microrubans. Nous décrivons dans une première phase l'approche proposée et nous présentons ensuite des exemples d'application permettant sa validation.

1. Description de la nouvelle approche de modélisation

Nous proposons d'étudier le couplage EM pour le cas de la structure représentée sur la Figure 106 : une ligne de transmission type PCB illuminée par une onde EM non uniforme produite par un élément perturbateur qui peut être soit un circuit passif, un circuit actif, une carte électronique ou même un système électronique.

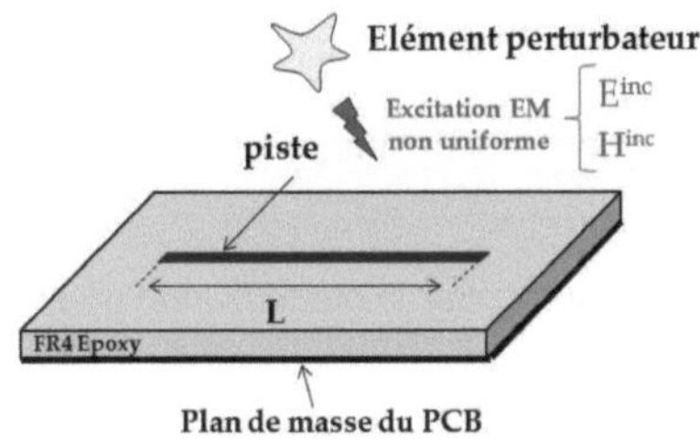

Figure 106 : Ligne microruban en présence d'une excitation EM non uniforme

L'approche de modélisation proposée est principalement inspirée de celle détaillée dans la section III-1 en prenant en considération cette fois-ci la présence des deux milieux inhomogènes (air et substrat) Les différentes étapes de modélisation sont décrites dans l'organigramme présenté sur la Figure 107.

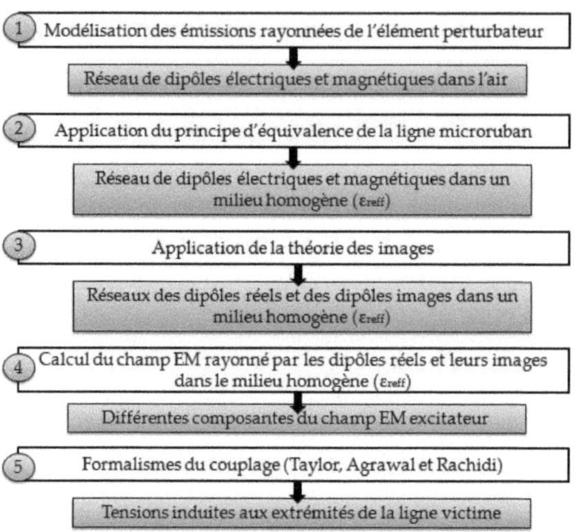

Figure 107 : Différentes étapes pour la modélisation du couplage onde EM-PCB

Ces différentes étapes sont décrites dans la Figure 108 sous forme de schémas explicatifs pour une meilleure illustration de l'approche.

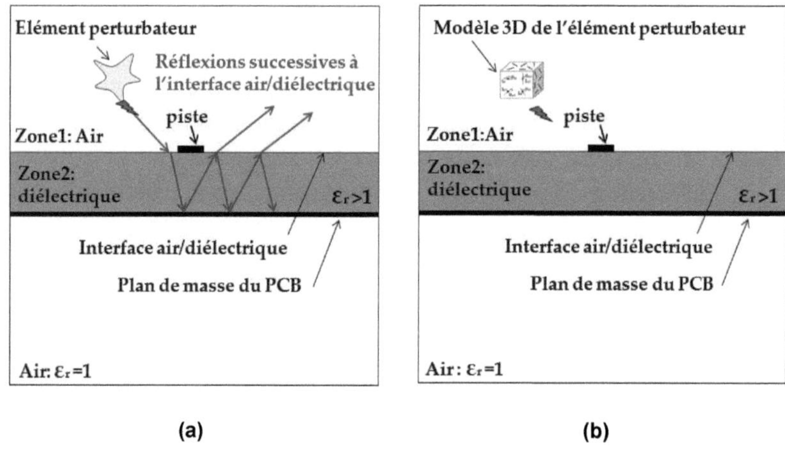

(a)   (b)

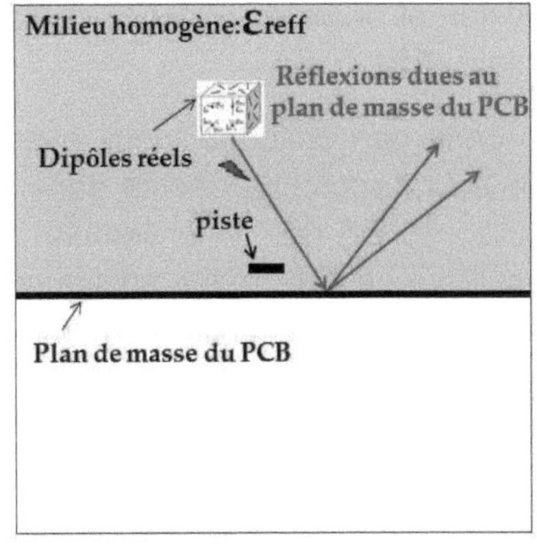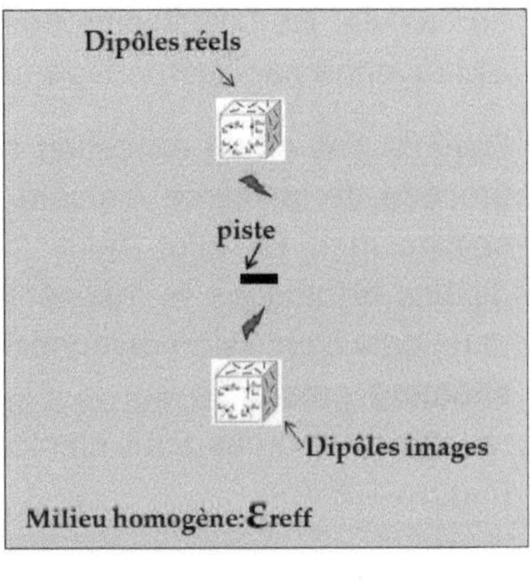

(c)   (d)

Figure 108 : Schémas d'illustration de l'approche de modélisation proposée. (a) Structure sous test : élément perturbateur-PCB (b) Etape 1 (c) Etape 2 (d) Etapes 3 et 4 [65]

La nouvelle procédure proposée est divisée en cinq étapes :

- ### <u>Etape 1 : Modélisation des émissions rayonnées de l'élément perturbateur</u>

Afin de pouvoir appliquer les trois formalismes de couplage dans la nouvelle approche de modélisation, il est nécessaire de déterminer le champ EM excitateur dans la ZI. Ce dernier résulte des réflexions successives à l'interface des milieux air et diélectrique et au niveau du plan de masse. Ce champ va être utilisé pour déterminer les sources de courant et de tension distribuées le long de la ligne et aussi localisées aux extrémités et qui traduisent l'effet du couplage EM.

Dans le cas d'une excitation de type onde plane, la formulation mathématique du rayonnement EM est bien maitrisée ce qui permet

183

de calculer les coefficients de réflexion et de caractériser le champ EM rayonné par l'élément perturbateur (EP).

Dans le cas d'une excitation type onde non uniforme, nous avons procédé de la même manière que pour l'approche décrite dans la section III-1. En effet, nous modélisons l'EP par un ensemble de dipôles électriques et magnétiques. Pour ce faire, nous appliquons le modèle d'émission rayonnée détaillée dans le chapitre III. Ainsi, la structure présentée sur la Figure 108-(a) sera remplacée par un réseau de sources équivalentes situé au dessus de la ligne victime (Figure 108-(b)).

Cette étape présente des avantages. En effet, elle permet de :

- Préserver la confidentialité du DST. En effet, seules les composantes tangentielles du champ EM sont nécessaires pour construire le modèle d'émission.
- Représenter l'EP par des sources équivalentes dont nous maîtrisons les expressions analytiques de leurs rayonnements EM dans un milieu bien déterminé.
- **Etape 2 : Application du principe d'équivalence de la ligne microruban**

Vu que la structure PCB est constituée de deux milieux inhomogènes (air et substrat), nous appliquons le principe d'équivalence de la ligne microruban pour remplacer les deux milieux par un milieu homogène caractérisé par une permittivité relative effective ε_{reff} [19], [55]. La Figure 109 présente le principe d'équivalence de la ligne microruban formée par un diélectrique (substrat) type « Epoxy FR4 ».

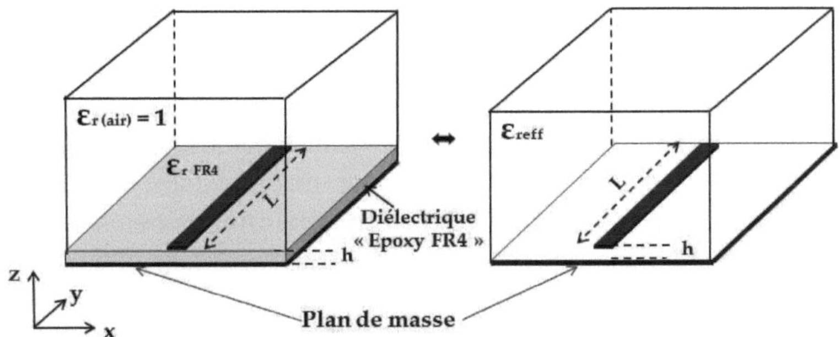

Figure 109 : Principe d'équivalence de la ligne microruban

Pour le cas d'une simple piste située au dessus d'un substrat terminé par un plan de masse, l'expression de la permittivité relative effective (équation (IV. 26)) est exprimée en fonction des paramètres géométriques de la ligne et aussi de la valeur de la permittivité du milieu diélectrique (ε_{rFR4}=4.4 pour le cas de l'Epoxy FER4) et de la permittivité relative de l'air.

$$\varepsilon_{reff} = \frac{\varepsilon_{rFR4} + 1}{2} + \frac{\varepsilon_{rFR4} - 1}{2} \frac{1}{\sqrt{1 + 12\dfrac{w}{h}}} \qquad \text{(IV. 26)}$$

avec :

- w est la largeur de la piste
- h est l'épaisseur du diélectrique

Par conséquent, le réseau de dipôles équivalents sera émergé dans le milieu homogène équivalent caractérisé par ε_{reff} (Figure 108-(c)).
Cette phase est l'étape clé de l'approche proposée. En effet, elle permet de :

- Simplifier le problème de couplage en considérant un seul milieu entre l'EP et le plan de masse de la ligne victime.
- S'affranchir en toute rigueur des réflexions successives à l'interface des deux milieux air et diélectrique. Les réflexions EM qui persistent sont celles dues uniquement à la présence du plan de masse du PCB (Figure 108-(c)). Ces dernières sont évaluées dans l'étape 3.

En revanche, la notion d'équivalence de la structure PCB possède une limitation en fonction de l'augmentation de la fréquence de fonctionnement. Cette limitation est discutée dans la section IV-3.

- **Etape 3 : Application de la théorie des images**

Le champ EM réfléchi par le plan de masse de la ligne victime est évalué à partir du rayonnement des dipôles images dont les paramètres (courants, positions et orientations) sont déterminés de la même manière que pour l'approche décrite dans la section III-1. Ainsi, nous obtiendrons deux réseaux de sources équivalentes (réseau de dipôles réels et réseau de dipôles images) placés dans le milieu homogène (ε_{reff}) et qui rayonnent le champ EM excitateur total illuminant la ligne victime (Figure 108-(d)).

- **Etape 4 : Calcul du champ EM rayonné par les dipôles réels et leurs images dans le milieu homogène (ε_{reff})**

Une fois que les sources de perturbation (dipôles réels et dipôles images) sont bien identifiées, nous procédons au calcul du champ EM rayonné en prenant en considération les caractéristiques du milieu dans lequel les dipôles sont placés.

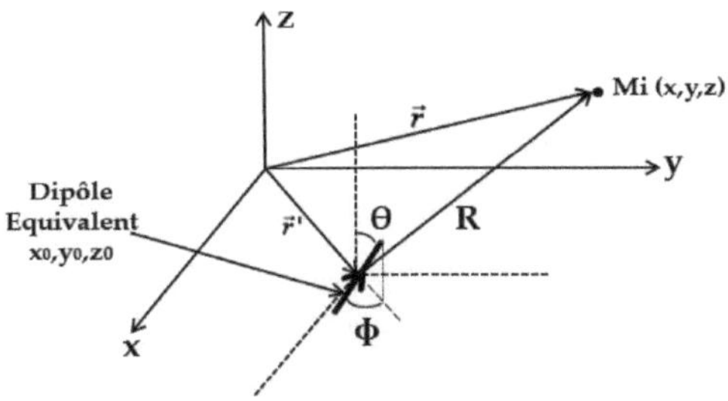

Figure 110 : Dipôle équivalent dans l'espace 3D.

En conséquence, pour chaque dipôle ou source élémentaire (Figure 110), les expressions des champs rayonnées *E* et *H* en un point de l'espace *M(x,y,z)* sont exprimées en fonction des paramètres intrinsèques de chaque source (courant *I*, longueur *l*, position des centres (x_0, y_0, z_0), orientations (ϕ, θ) et distance entre la source et le point d'observation *R*) ainsi que la valeur de la permittivité relative effective ε_{reff} caractérisant les deux milieux. Ces dernières sont illustrées dans les équations (IV. 27) et (IV. 28), respectivement pour le champ électrique et le champ magnétique.

$$E_{(x,y,z)} = f\left[k, \underbrace{\varepsilon_{reff}}_{Milieu\_\varepsilon_{reff}}, R, I, l, \phi, \theta, (x_0, y_0, z_0), (x, y, z) \right] \qquad \text{(IV. 27)}$$

$$H_{(x,y,z)} = g\left[\underbrace{k}_{Milieu\_\varepsilon_{reff}}, R, I, l, \phi, \theta, (x_0, y_0, z_0), (x, y, z) \right] \qquad \text{(IV. 28)}$$

où:

$$k = \frac{2\pi}{\lambda_0} \sqrt{\varepsilon_{reff}}$$ (IV. 29)

avec λ_0 est la longueur d'onde dans l'air : $\lambda_0 = v_0 / f$; v_0 étant la vitesse de propagation dans l'air : $v_0 = \dfrac{1}{\sqrt{\mu_0 \varepsilon_0}}$ et f est la fréquence de fonctionnement.

- **Etape 5 : Implémentation des formalismes du couplage**

Les différentes composantes du champ EM évaluées dans l'étape 4 sont utilisées pour déterminer les valeurs des sources de tension et de courant traduisant l'effet du couplage EM. Selon le formalisme adopté (Taylor, Agrawal ou Rachidi), ces dernières sont intégrées dans le modèle *RLCG* de la ligne microruban présentée dans la Figure 111 pour déduire les circuits équivalents du PCB associés à chacun des modèles de couplage (Figure 112).

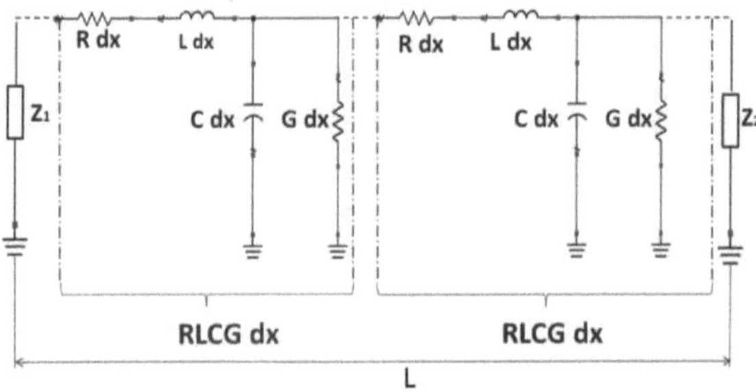

Figure 111 : Modèle *RLCG* de la ligne microruban

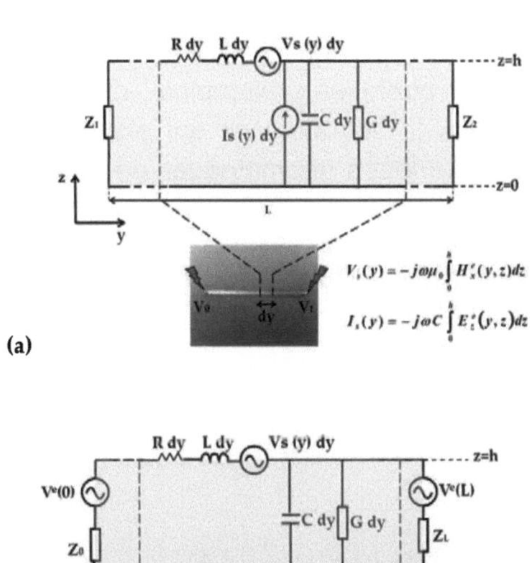

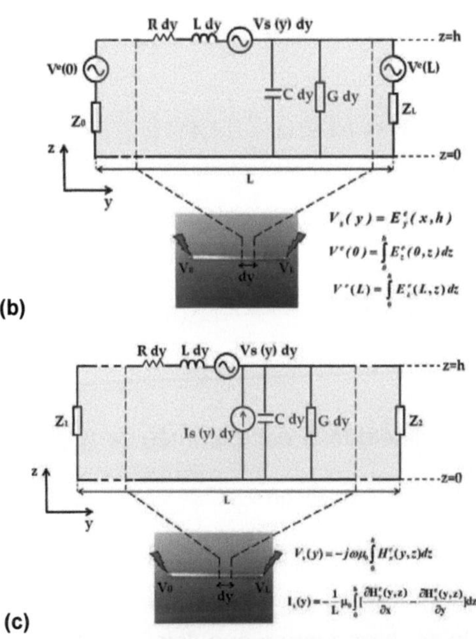

Figure 112 : Circuits équivalents de la ligne microruban associés aux trois formalismes de couplage : (a) Formalisme de Taylor (b) Formalisme d'Agrawal (c) Formalisme de Rachidi

Pour déterminer les paramètres linéiques *R*, *L*, *C* et *G*, nous nous appuyons sur quelques exemples de formules empiriques disponibles dans la littérature et qui expriment ces quantités en fonction des paramètres géométriques de la ligne microruban sous test.

En considérant que l'épaisseur de la piste du PCB « *t* » ait une valeur très négligeable (« *t* »≈0), l'inductance linéique *L* est exprimée dans ((IV. 30).

$$L = \frac{60}{v_0} ln\left(\frac{8h}{w} + \frac{w}{4h}\right) \quad ; \quad \frac{w}{h} \leq 1 \tag{IV. 30}$$

$$L = \frac{120\pi}{v_0}\left[\frac{w}{h} + 1.393 + 0.667\ln\left(\frac{w}{h} + 1.444\right)^{-1}\right] \quad ; \quad \frac{w}{h} \geq 1$$

La capacité linéique *C* peut se calculer par l'expression (IV. 31).

$$C = \frac{\varepsilon_{reff}}{120\pi v_0}\left[\frac{w}{h} + 1.393 + 0.667\ln\left(\frac{w}{h} + 1.444\right)^{-1}\right] \tag{IV. 31}$$

La conductance linéique *G* est exprimée dans (IV. 32).

$$G = \omega \tan \delta_{eff} C \tag{IV. 32}$$

où :

- ω est la de la fréquence angulaire ; $\omega = 2\pi f$
- $\tan \delta_{eff}$ est la tangente d'angle de pertes diélectriques dans le milieu homogène caractérisé par ε_{reff} . Cette quantité est exprimée dans (IV. 33).

$$\tan \delta_{eff} = \frac{\varepsilon_{rFR4}}{\varepsilon_{reff}} \frac{\partial \varepsilon_{reff}}{\partial \varepsilon_{rFR4}} \tan \delta \qquad \text{(IV. 33)}$$

où $\tan \delta$ est la tangente d'angle de pertes diélectriques dans le substrat ($\tan \delta$ =0.02 pour le cas de l'Epoxy FR4).

Enfin, l'expression de la résistance linéique, en fonction de la fréquence de fonctionnement, est illustrée dans (IV. 34).

$$R = \frac{\sqrt{\pi \mu_0 \rho f}}{w} \qquad \text{(IV. 34)}$$

ρ étant la résistivité du métal de la piste du PCB.

Dans ce qui suit, nous présentons des exemples permettant la validation de l'approche proposée.

2. Exemples d'application de la nouvelle approche de modélisation

Pour valider l'approche de modélisation proposée, nous avons suivi les étapes décrites dans la Figure 113.

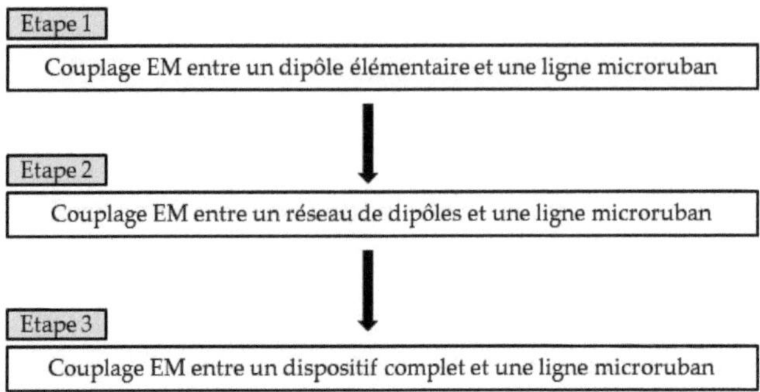

Figure 113 : Etapes suivies pour la validation de l'approche de modélisation

A. Couplage EM entre un dipôle électrique et une ligne microruban

Comme première étape de validation, nous nous sommes intéressés à modéliser le couplage entre un dipôle électrique élémentaire (source de perturbation) et une ligne microruban (ligne victime). La Figure 114 présente la photo et les dimensions géométriques de la ligne sous test.

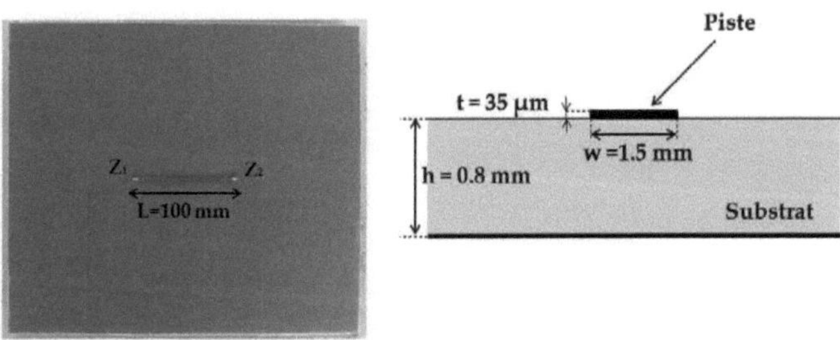

Figure 114 : Photo et dimensions géométriques de la ligne victime sous test

Afin de prédire le couplage EM pour la structure sous test, nous avons modélisé dans une première phase l'ensemble dipôle-ligne microruban sous le simulateur HFSS.

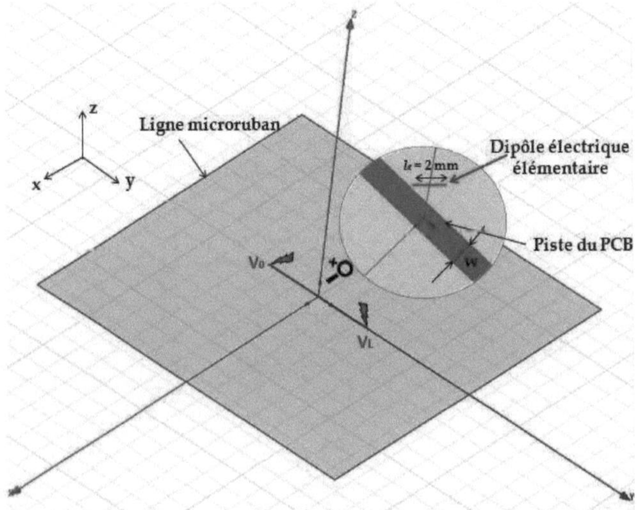

Figure 115 : Schéma de simulation du couplage EM dipôle élémentaire-ligne microruban

Le dipôle électrique élémentaire est placé à 5mm au dessus de la piste du PCB. Il est caractérisé par :

- Coordonnées du centre (x_0=0, y_0=0, z_0=5mm).
- Orientation en azimut ϕ_e = - 45°.
- Orientation en élévation θ_e = π/2
- Longueur l_e = 2mm
- Largeur l = 0.1 mm (l <<)
- Courant qui le parcourt I_e = 1A.
- Fréquence de fonctionnement : 15 MHz

Ces paramètres ont été choisis arbitrairement comme exemple d'illustration. Une simulation paramétrique a été effectuée pour calculer les tensions induites aux extrémités de la ligne pour chaque position suivant l'axe « x ». En parallèle, nous avons implémenté les trois formalismes sous Matlab pour déterminer les mêmes grandeurs. La Figure 116 montre les tensions V_0 et V_L évaluées respectivement aux bornes des charges Z_1 et Z_2. Il est à préciser que pour ce cas de test, la ligne a été considérée comme étant adaptée ($Z_1 = Z_2 = Z_c = 50\Omega$).

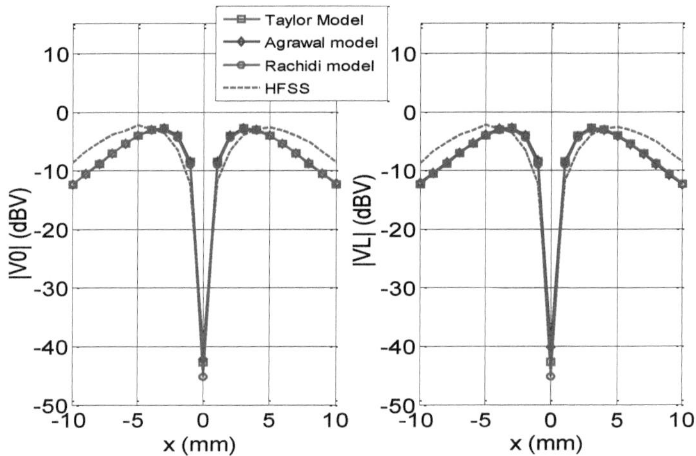

Figure 116 : Tensions induites pour le cas du couplage EM dipôle élémentaire-ligne microruban

Nous remarquons que les résultats de modélisation reproduisent bien les courbes de tensions issues de la simulation HFSS. En revanche, un écart de niveau peut être observé. Ceci est dû à aux problèmes de non uniformité du maillage lors de la simulation EM.

En effet, nous avons forcé le maillage à être le plus fin possible dans la ZI de la ligne microruban pour avoir une meilleure précision sur les champs rayonnés dans la cette zone. En revanche, le maillage dans la zone du dipôle élémentaire (une zone adjacente à la ZI de la ligne) est adapté par le solveur du simulateur [78].

B. Couplage EM entre un réseau de dipôles électriques et une ligne microruban

Dans une deuxième étape, nous avons considéré le cas du couplage EM entre un réseau de dipôles élémentaires et la ligne microruban présentés dans la Figure 114.

De la même façon, nous avons modélisé l'ensemble réseau de dipôles-ligne microruban sous le simulateur HFSS (Figure 117) pour déterminer les tensions induites aux terminaisons de la ligne pour chaque position le long de l'axe « x ».

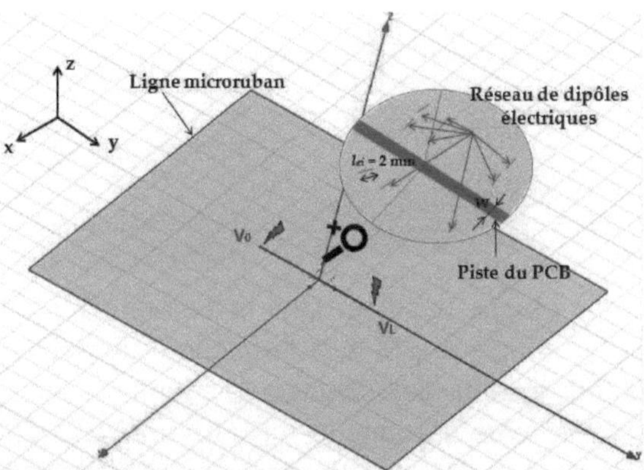

Figure 117 : Schéma de simulation du couplage EM réseau de dipôles électriques-ligne microruban

Un réseau de neuf dipôles a été utilisé pour reproduire une excitation EM non uniforme capable de perturber la ligne microruban. Ce dernier à été placé au dessus de la ligne victime. Les paramètres des dipôles, arbitrairement choisis comme exemple d'illustration, sont regroupés dans le Tableau 6.

Tableau 6 : Paramètres des dipôles

	(x_0,y_0,z_0) (mm)	l_e (mm)	I_e (A)	$\phi_e(°)$	$\theta_e(°)$
Dipôle 1	(-3,-3,5)	2	0.9	-11.25	90
Dipôle 2	(-3,0,5)	2	0.6	0	90
Dipôle 3	(-3,9,5)	2	0.85	0	90
Dipôle 4	(0,-3,5)	2	0.5	0	90
Dipôle 5	(0,0,5)	2	1	15	90
Dipôle 6	(0,9,5)	2	0.9	6	90
Dipôle 7	(9,-3,5)	2	1	-30	90
Dipôle 8	(9,0,5)	2	0.75	-12	90
Dipôle 9	(9,9,5)	2	1	9	90

Les différentes étapes décrites dans la Figure 107 ont été suivies pour prédire le couplage EM à la fréquence 15 MHz. En effet, les paramètres du réseau des dipôles images ont été déterminés, l'ensemble a été émergé dans le milieu homogène de permittivité ε_{reff}. Enfin, le champ EM excitateur total (incident+réfléchi) dans la ZI a été évalué [78]. La Figure 118 présente les tensions induites obtenues avec les trois formalismes (Taylor, Agrawal et Rachidi) et par simulation EM.

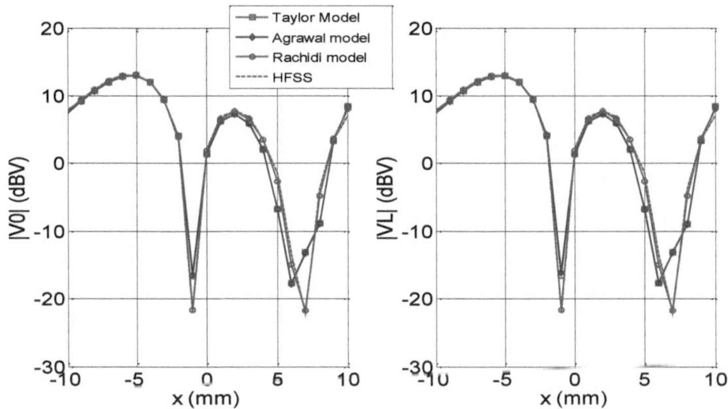

Figure 118: Tensions induites pour le cas du couplage EM réseau de dipôles électriques -ligne microruban

Nous concluons que, même pour un réseau de sources perturbatrices, le modèle est capable de reconstruire le profil et le niveau des tensions induites aux bornes des charges placées aux extrémités de la ligne microruban.

C. Couplage EM entre l'arceau 3D et une ligne microruban

Dans cette partie, nous considérons le couplage EM entre un dispositif réel : l'arceau 3D, et la même ligne microruban (Figure 119) [65].

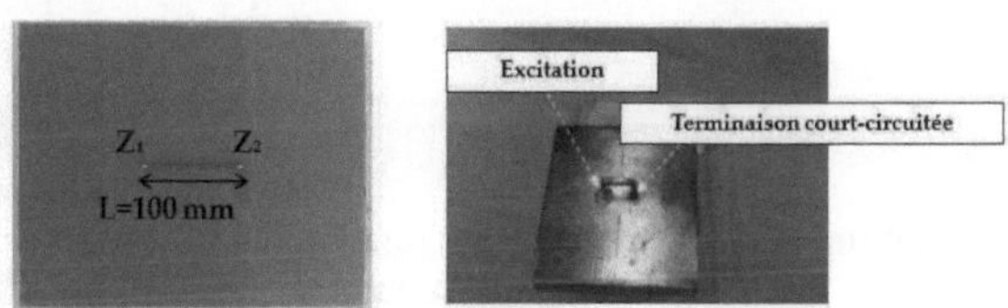

Figure 119 : L'élément perturbateur (arceau 3D) et la ligne victime (ligne microruban)

L'arceau 3D a été modélisé, à la fréquence 30 MHz, par un réseau de sources équivalentes, comme présenté dans le chapitre 3, section III-1. Il a été placé au dessous de la ligne victime. La distance séparant la surface supérieure du circuit perturbateur et le plan de masse de la ligne victime est approximée à 10 mm.

Pour cet exemple, les résultats on été validés expérimentalement. Pour ce faire, le même « set-up » de mesure décrit dans la Figure 93 a été utilisé, sauf que pour ce cas le circuit victime est une ligne microruban (Figure 120).

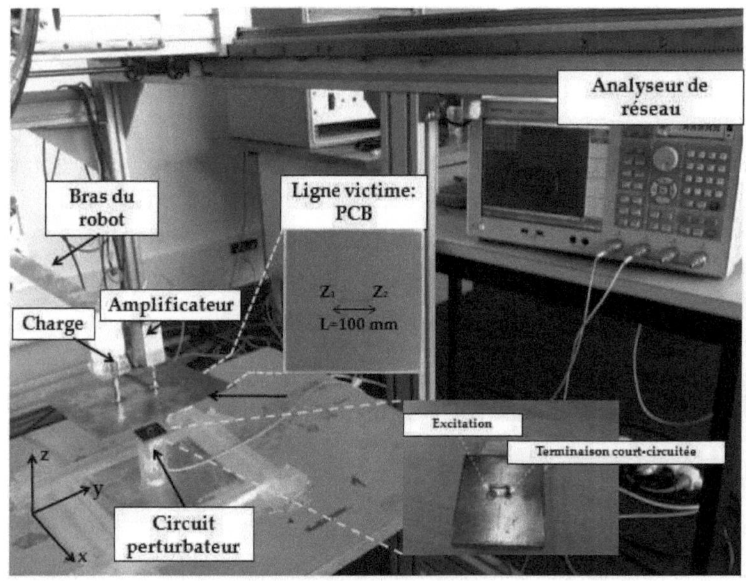

Figure 120 : « Set-up » pour la mesure des tensions induites aux bornes de la ligne microruban

Les tensions induites sont récupérées pour différentes configurations de la ligne, adaptée et désadaptée, et pour différentes positions du PCB au dessus du circuit perturbateur. La Figure 121 résume l'ensemble des résultats obtenus pour la tension V_L de la terminaison Z_2.

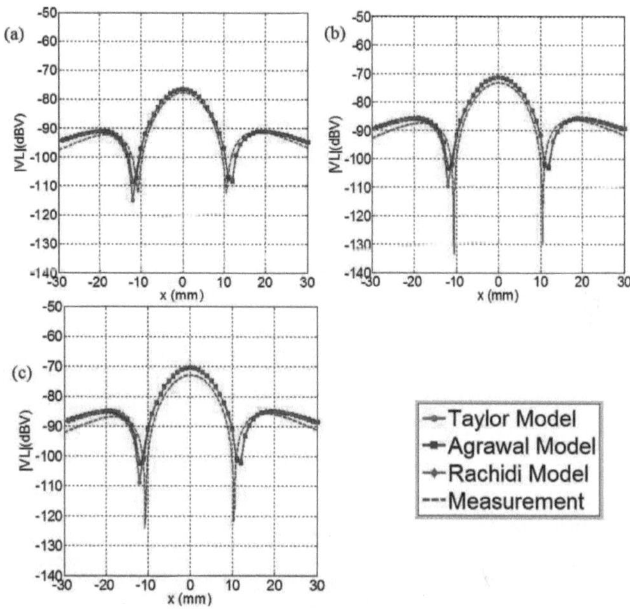

Figure 121 : Tensions induites pour plusieurs configurations de la ligne victime: (a) Ligne adaptée ($Z_1=Z_c$; $Z_2= Z_c$) (b) Ligne désadaptée ($Z_1= Z_c/10$; $Z_2=Z_c$) (c) Ligne en court-circuit ($Z_1=$court-circuit; $Z_2=Z_c$).

Les résultats de modélisation comparés avec la mesure nous permettent de valider la nouvelle approche de modélisation pour le cas du couplage entre une structure 3D réelle et une ligne microruban d'une manière simple et sans avoir besoin de prendre en considération les réflexions successives produites à l'interface air/diélectrique. Une légère différence peut être observée entre les trois tensions modélisées (Taylor, Agrawal et Rachidi) et la mesure. Cette dernière est due à l'erreur induite par le positionnement

199

manuel de la ligne victime au dessus de l'arceau 3D pour avoir la même distance de 10 mm. Cet écart devient plus remarquable dans les zones où le couplage EM est faible (x=±10 mm). Ceci est dû à la sensibilité de l'instrument de mesure (- -90 dBm pour l'analyseur de réseau utilisé ce qui correspond à un niveau de tension autour de -100dBV). Néanmoins, ces résultats sont très encourageants.

De plus, le temps écoulé pour obtenir ces résultats, le modèle 3D ainsi que les tensions au niveau des charges, avec l'approche proposée est de 36s en utilisant un PC de 4-Go de RAM et un processeur de 2,67 GHz. En revanche, l'obtention des résultats numériques consomme plusieurs heures de simulation en utilisant un PC de 24-Go de RAM et un processeur de 2,8 GHz.

3. Etude de la robustesse de l'approche de modélisation en fonction de la fréquence de fonctionnement

Comme nous l'avons évoqué précédemment, le principe d'équivalence de la ligne microruban (détaillé dans la section IV-1 étape 2) doit obéir à une hypothèse de départ : cette approximation n'est valable que pour le cas d'une basse fréquence de fonctionnement.

Pour les basses fréquences, la quantité ε_{reff} garde une valeur constante donnée par l'équation (IV. 26). A partir d'une valeur de fréquence intermédiaire appelée aussi fréquence de résonnance (équation (IV. 35)) de la structure PCB, cette quantité demeure dépendante de la fréquence : elle augmente d'une façon monotone et se stabilise pour se rapprocher de la valeur de la permittivité relative du substrat sous test [19].

$$f_r = \frac{1}{2L\sqrt{\varepsilon_r}\sqrt{\mu_0\varepsilon_0}} = \frac{v_0}{2L\sqrt{\varepsilon_r}} \qquad \text{(IV. 35)}$$

Pour éprouver cette hypothèse pour le cas de l'approche de modélisation proposée, nous avons considéré l'exemple de validation présenté dans la section IV-2-(b) : prédiction du couplage EM entre un réseau de dipôles électriques et une ligne microruban. Une simulation EM a été effectuée sous les conditions suivantes :

- Les dipôles ont été placés à 5 mm au dessus de la ligne (distance selon l'axe « z ») et dans la zone où les tensions induites ont les valeurs les plus significatives (x=-5 mm).
- Un balayage fréquentiel a été effectué pour récupérer les tensions induites de 500 kHz à 1 GHz.

Ensuite, nous avons calculé les tensions induites avec l'approche de modélisation proposée en fonction de l'augmentation de la fréquence. Le Tableau 7 regroupe les résultats de modélisation et de simulation EM, obtenus pour la tension V_L , ainsi que les pourcentages d'erreurs induits calculés à partir de l'expression (IV. 36).

$$Error(\%) = \frac{\left|V_{L_{sim}} - V_{L_{mod}}\right|}{V_{L_{sim}}}$$ (IV. 36)

où : $V_{L_{sim}}$ et $V_{L_{mod}}$ sont respectivement les tensions issues de la simulation et de la modélisation.

Tableau 7 : Erreur entre la tension modélisée et simulée en fonction de la fréquence

Fréquence de fonctionnement		500 kHz	15 MHz	50 MHz	100 MHz	500 MHz	800 MHz	1 GHz
V_L (dBV)	Simulation	13.012	13	13.022	13.045	14.111	15.418	16.471
	Modèle	13.09	13.02	13	12.98	12.77	12.573	12.426
Erreur (%)		0.56	0.15	0.17	0.5	9.5	18.45	24.55

Ces résultats sont ensuite tracés et présentés sur la Figure 122.

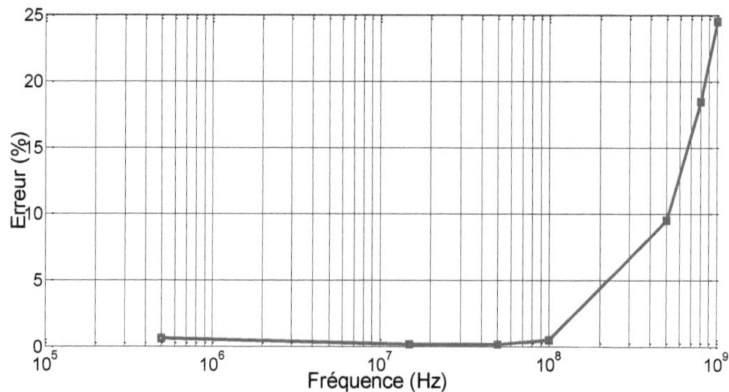

Figure 122 : Evolution de l'erreur entre la tension modélisée et simulée en fonction de *f*

Nous remarquons que le pourcentage d'erreur devient de plus en plus important avec la fréquence de fonctionnement et il augmente significativement à partir d'une fréquence $f_r \approx 715$ MHz (fréquence de résonance de la structure microruban utilisée pour notre exemple). Ceci met en évidence l'hypothèse de départ justifiant la limitation fréquentielle de l'approche de modélisation. En revanche, et puisque le projet dans lequel s'inscrit le travail de la thèse s'intéresse à l'étude des contraintes CEM dans les systèmes de puissance, les fréquences d'intérêt ne dépassent pas les dizaines de MHz. Pour cette gamme de fréquence, le modèle proposé nous donne des résultats satisfaisants.

La dépendance fréquentielle de ε_{reff} peut faire l'objet d'une étude en perspectives afin de pouvoir appliquer l'approche proposée pour des applications hautes fréquences.

V. Conclusion

Dans ce chapitre, nous avons présenté deux approches de modélisations analytiques permettant la prédiction du couplage EM entre des éléments rayonnants et des lignes de transmission : conducteurs au dessus d'un plan de masse ou lignes microrubans. Pour les deux approches proposées, nous avons utilisé le modèle d'émission 3D présenté dans le chapitre III pour traduire les émissions rayonnées et calculer ainsi les tensions induites aux extrémités de la ligne victime en utilisant les formalismes de couplage existants dans la littérature (Taylor, Agrawal et Rachidi).

Dans une première partie, nous avons détaillé la première approche proposée pour modéliser le couplage induit sur des câbles au dessus d'un plan de masse. Nous nous sommes basés sur les résultats de simulation numérique et de mesure pour valider la démarche présentée. Les exemples de validation (couplages entre un arceau 3D/self torique et un conducteur au dessus d'un plan de masse) montrent que les tensions calculées analytiquement permettent une bonne estimation du couplage EM. Par ailleurs, nous avons démontré que la modélisation des émissions rayonnées 3D, pour les structures électroniques ayant des facteurs de forme géométrique très disparates, offre une meilleure précision pour la prédiction du couplage EM. Ceci a été prouvé en comparant les résultats de couplage obtenus avec l'utilisation du modèle 3D avec ceux issus de l'approche 2D.

Dans la deuxième partie, nous avons présenté une nouvelle démarche pour modéliser le couplage induit sur des lignes microrubans. Cette dernière est principalement inspirée de l'approche proposée dans la première partie. L'idée principale est suscitée du principe d'équivalence de la structure PCB afin de s'affranchir du calcul lourd des coefficients associés aux réflexions successives à l'interface air/diélectrique. En effet, les deux milieux homogènes ont été remplacés par un seul caractérisé par une permittivité relative effective ε_{reff}. L'élément perturbateur se trouve ainsi émergé dans ce milieu homogène et son champ EM rayonné ne subit que la réflexion produite par le plan de masse de la structure PCB. La validation de cette approche s'est faite en plusieurs étapes. Nous avons entamé tout d'abord une étude préliminaire pour prédire le couplage EM entre un dipôle élémentaire (dipôle électrique) considéré comme un élément perturbateur et une ligne microruban. Les résultats obtenus nous ont encouragés à complexifier la structure d'étude. Nous avons donc considéré le couplage EM entre un réseau de dipôles électrique (éléments perturbateurs) et la même ligne victime. Les bons résultats encore obtenus nous ont poussés à étudier un cas d'application réel: le couplage entre un arceau 3D, modélisé par un réseau 3D de dipôles, et le PCB sous test. De bons résultats ont été obtenus. Les différentes fréquences utilisées pour l'ensemble des exemples de validation ont été approximées à quelques MHz : gamme des fréquences d'intérêt pour les applications de puissance visées dans le secteur automobile. En revanche, une discussion sur la limitation fréquentielle du modèle proposé a été menée dans la dernière partie de ce chapitre. Cette analyse nous a montré que l'écart entre les résultats de modélisation et de simulation numérique augmente avec l'accroissement de la fréquence de fonctionnement. Ceci peut être expliqué le fait que la quantité ε_{reff} d'une structure PCB ne garde pas une valeur constante pour toutes les fréquences. Cette dépendance pourrait être prise en considération dans une future étude pour étendre la validité fréquentielle de la nouvelle approche proposée.

Conclusion générale et perspectives

Dans cette contribution scientifique, nous avons proposé une méthodologie permettant la modélisation 3D des émissions rayonnées pour une meilleure prédiction du couplage entre les ondes électromagnétiques non uniformes et les interconnexions en champ proche (ligne de transmission types conducteurs au-dessus d'un plan de masse ou lignes microrubans). Cette procédure présente un outil très intéressant pour les concepteurs des systèmes électroniques afin de mieux cerner le comportement électromagnétique et les phénomènes d'interférences à l'intérieur de ces systèmes. Ceci permet d'établir une disposition optimale des dispositifs au sein du produit final. En d'autres termes, ces modèles permettent de présager les aspects et les différentes contraintes CEM pour garantir un fonctionnement fiable du système assurant ainsi sa compétitivité sur le marché.

Vu la complexité des structures/composants électroniques intégrés dans les systèmes automobiles et la diversité de leurs formes géométriques 3D, il s'avère important de considérer la contribution des rayonnements EM des différentes faces entourant DST. Ceci peut engendrer des interférences électromagnétiques avec les équipements/interconnexions voisins. De ce fait, nous avons adopté dans notre étude une approche 3D pour modéliser le rayonnement EM du DST. Nous avons débuté notre recherche par une étude bibliographique sur les différentes approches de modélisation des émissions rayonnées. Différents modèles sont examinés en fonction de leurs topologies, principes, données d'entrée de base et plus particulièrement en fonction des éléments de sorties (champs modélisés). Nous avons sélectionné une topologie de modélisation assez simple en se basant sur des sources équivalentes qui sont des dipôles électriques et magnétiques dans le but prédire les phénomènes de couplage EM. Le modèle est obtenu à l'aide des données du champ EM rayonné à des distances bien définies.

Dans le deuxième chapitre, nous avons décrit le principe de la technique de mesure en champ proche : le banc de mesure champ proche et les sondes sensibles aux différentes composantes des champs électrique et magnétique. Nous avons également présenté la méthode de calibrage qui permet de déterminer le champ EM rayonné à partir de la mesure. Afin de permettre un scan des cinq faces entourant le DST, une technique de mesure automatique 3D a été développée en se basant sur la technique 2D traditionnelle. Cette technique 3D, qui constitue un premier résultat intéressant de nos travaux, a été présentée dans la dernière partie du chapitre II.

Dans le troisième chapitre, nous avons présenté le modèle d'émission 3D. En effet, nous avons donné sa formulation mathématique, établie à partir des potentiels vecteurs électrique et magnétique, sous la forme d'un problème matriciel inverse. Les paramètres connus sont les champs rayonnés, la fréquence de fonctionnement, le nombre et la longueur de chaque dipôle (ou source) élémentaire. Les paramètres à déterminer sont les orientations en élévation et en azimut ainsi que les courants parcourant chaque source. Les différentes étapes mathématiques, impliquant des inversions de matrices au sens des moindres carrées, ont été décrites dans ce chapitre. Dans la dernière partie, nous avons présenté des exemples d'application permettant la validation du modèle 3D: modélisations des rayonnements EM d'un « arceau 3D » et d'une self torique.

Le modèle 3D, ainsi développé, a été utilisé comme un sous-modèle pour prédire le couplage EM avec les lignes de transmission en champ proche. L'approche de modélisation globale permet, par des méthodes analytiques, d'estimer le niveau des tensions induites aux extrémités de la ligne de transmission victime. Pour cela, les formalismes de couplage existants dans la littérature (modèles de

Taylor, d'Agrawal et de Rachidi) ont été utilisés. Ces derniers présentent une approche purement analytique pour calculer les tensions aux terminaisons des lignes à l'aide des équations de BLT. Le calcul du champ excitateur de la ligne victime est la superposition du champ incident et du champ réfléchi par le plan de masse. Ce dernier est obtenu à partir de la théorie des images. Des exemples d'applications ont été présentés pour prédire le couplage EM entre des structures rayonnantes 3D (l'arceau 3D et la self torique) et un conducteur au-dessus d'un plan de masse.

Une nouvelle approche de modélisation innovante du couplage onde EM-lignes microrubans a été introduite dans la dernière partie de ce même chapitre. Cette dernière, inspirée principalement de l'approche présentée dans la première partie, permet de calculer le niveau des tensions induites aux extrémités de la structure PCB d'une manière simple et rapide en s'affranchissant du calcul des coefficients de réflexions à l'interface air/diélectrique assez compliqué et qui demeure impossible dans certains cas de figure. Le concept de base se réunit autour du principe d'équivalence de la structure PCB. En effet, les deux milieux, le substrat et l'air, sont remplacés par un seul caractérisé par une permittivité relative effective ε_{reff} . Ainsi, l'élément perturbateur, modélisé par un ensemble de dipôles électriques et magnétiques, sera émergé dans ce milieu homogène et son rayonnement EM ne subit que l'effet des réflexions produites par le plan de masse de la ligne victime. Ces réflexions sont évaluées grâce à la théorie des images appliquée pour une distribution de dipôles 3D. Dans la dernière partie de ce chapitre, nous avons présenté une discussion sur les limites de l'approche proposée vis-à-vis notamment de l'augmentation de la fréquence de fonctionnement. En effet, l'expression de ε_{reff} retenue pour notre étude est considérée comme statique. Elle dépend essentiellement du diélectrique du substrat et des dimensions géométriques de la structure PCB. Cette dernière demeure dynamique à partir d'une certaine fréquence connue comme fréquence de résonance de la structure PCB. Néanmoins, pour la gamme de fréquences des applications de puissance du secteur automobile dans lequel s'inscrit le cadre du projet E-CEM (quelques dizaines de kHz à des dizaines de MHz), le modèle proposé donne des résultats satisfaisants.

Comme perspectives de ce travail, nous proposons de développer une interface Homme Machine (IHM) permettant à l'utilisateur d'exploiter les modèles de manière conviviale. Les données d'entrée sont principalement les champs EM rayonnées par l'élément perturbateur, le critère de tolérance pour le modèle d'émission 3D, les coordonnées de la zone d'intérêt de la ligne de transmission, les impédances aux extrémités, les caractéristiques du diélectrique pour les structures PCB, etc..... L'interface fournira à l'utilisateur l'évolution des tensions induites en fonction de l'emplacement, soit du circuit perturbateur, soit de la victime, afin de proposer un arrangement optimal en se référant à une bibliothèque des composants/équipements intégrés dans le système complet sous test. Ceci nous permettra de réduire au maximum les contraintes CEM sans passer par l'expérimentation sur le prototype.

En plus de l'IHM, nous pourrions également envisager un autre exemple d'application pour l'étude et la validation du couplage électromagnétique entre un élément perturbateur et une ligne microruban, placés sur la même carte. Ceci pourrait procurer une meilleure prédiction du couplage grâce à l'utilisation du modèle 3D qui permet de prendre en considération la contribution des faces de côté par rapport au rayonnement global du dispositif sous test. Pour ce point, il faudrait penser aussi à intégrer le modèle d'émission 3D du dispositif rayonnant sous des outils de simulation commerciaux pour une simulation plus globale. Ceci peut être très utile quand il s'agit notamment de circuits perturbateurs actifs (circuits intégrés, interrupteurs de puissance,...) qui ne peuvent pas être modélisés sous les outils de simulations électromagnétiques.

Nous pourrions également penser à étendre les approches proposées pour l'étude du couplage entre des ondes électromagnétiques illuminant des lignes de transmission multi-conducteurs. Le problème de couplage se transforme ainsi en un système matriciel selon le nombre des conducteurs sous test.

Un dernier point, mais non le moindre; nous pourrions penser à travailler sur l'extension de la plage de validation fréquentielle du modèle proposé permettant la prédiction du couplage ondes EM-lignes microrubans. Pour ce faire, il faudrait penser à prendre en considération la dépendance fréquentielle dans l'expression de la permittivité relative effective ε_{reff}. Ceci permet de rendre exploitable le modèle pour d'autres applications tel que les télécommunications par exemple. Nous pourrions également discuter de la validité fréquentielle du modèle d'émission rayonnée 3D à savoir les longueurs et le nombre des dipôles, les distances de mesure par rapport au DST ainsi que le nombre des points de mesure nécessaires pour la construction du modèle. Ceci nous permet d'étendre l'approche de modélisation d'une mono-fréquentielle à une multi-fréquentielle.

Références bibliographiques

[1] G. E. Moore, "*Cramming more components onto integrated circuits*", Electronics, vol. 38, no. 8, pp. 114–117, April 1965.

[2] O. Langlois, E. Foch, X. Roboam et H. Piquet, "*De l'avion plus électrique à l'avion tout électrique : état de l'art et prospective sur les réseaux de bord*", J3eA, Journal sur l'enseignement des sciences et technologies de l'information et des systèmes, Volume 4, Hors-série 1, 1, 2005, http://dx.doi.org/10.1051/bib-j3ea:2005601

[3] ANR, Agence Nationale de Recherche, http://www.agence-nationale-recherche.fr/financer-votre-projet/appel-detail/vehicules-pour-les-transports-terrestres-vtt-2009/

[4] Michaël Gerlier, *Miniaturisation des antennes large bande à l'aide de matériaux artificiels*, Mémoire de thèse, TELECOM ParisTech, 2011.

[5] ISO, Organisation internationale de normalisation, http://www.iso.org/iso/fr/home/standards.htm

[6] R. Klein, *Normes de compatibilité électromagnétique- Leur mise en œuvre lors de la validation du niveau de sécurité des systèmes électroniques*, Cahiers de notes documentaires - Hygiène et sécurité du travail - N° 181, 4e trimestre 2000.

[7] CEI, Commission Electrotechnique Internationale, http://www.iec.ch/index.htm

[8] C. Arcambal, *Introduction des contraintes de propagation et rayonnement électromagnétiques dans l'étude et la conception d'émetteurs/récepteurs de puissance,* Mémoire de thèse, Université de Rouen, 2003.

[9] L. Bouchelouk, *Conception et validation de sondes pour les mesures en champ proche,* Mémoire de thèse, Université de Rouen, 2006.

[10]   H. Shall, *Contribution à l'étude de l'immunité conduite des circuits intégrés*, Mémoire de mastère, Université de Sfax, 2010.

[11]   H. Shall, M. Kanté, M. Kadi, A. Louis et B. Mazari, "*Caractérisation et modélisation de l'immunité conduite des circuits intégrés*", Workshop 2emc, Novembre 2010.

[12]   I. Chahine, *Caractérisation et modélisation de la susceptibilité conduite des circuits intégrés aux perturbations électromagnétiques,* Mémoire de thèse, Université de Rouen, 2007.

[13]   F. Rachidi, *Décharge électrostatique*, support de cours, École Polytechnique Fédérale de Lausanne, Groupe Compatibilité Électromagnétique.

[14]   J. L. Levant, *Cours de CEM- Les couplages électromagnétiques*, support de cours.

[15]   *Maîtrise de la CEM*, Les Référentiels DUNOD.

[16]   B. Vincent, *Identification de sources électromagnétiques multipolaires équivalentes par filtrage spatial: Application à la CEM rayonnée pour les convertisseurs d'électronique de puissance,* Mémoire de thèse, Institut Polytechnique de Grenoble, 2009.

[17]   Agence National de Recherche ANR, *Programme VTT*, document scientifique, édition 2010.

[18]   Y. Vives Gilabert, *Modélisation des émissions rayonnées de composants électroniques*, Mémoire de thèse, Université de Rouen, 2007.

[19]   C.A. Balanis, *Antenna theory, analysis and design*, John Wiley & Sons, Inc. New York, 2nd ed., 1997.

[20]   Y. Vives, C. Arcambal, A. Louis, F. de Daran, P. Eudeline, et B. Mazari, "*Modeling magnetic radiations of electronic circuits using near-field scanning method*", IEEE Trans. on EMC, vol. 49, no. 2, pp. 391-400, Mai 2007.

[21]   Y. Vives, C. Arcambal, A. Louis, P. Eudeline, et B. Mazari, "*Modeling magnetic emissions combining image processing and*

optimization algorithm", IEEE Trans. on EMC, vol. 51, no. 4, pp. 909-918, Novembre 2009.

[22]   K. Levenberg, *"A method for the solution s of certain problems in least squares"*, Quart. Appl. Math. 2, pp. 164 - 168, 1944.

[23]   Jorge J. Moré, *"The Levenberg-Marquardt algorithm: Implementation and Theory"*, Lecture notes in Mathematics, Vol. 630, pp. 105-116, Springer, 1978.

[24]   HFSS, http://www.ansys.com/Products/Simulation+Technology /Electronics/Signal+Integrity/ANSYS+HFSS

[25]   MATLAB, http://www.mathworks.fr/products/matlab/

[26]   A. Ramanujan, *Development of automated frequency and time-domain radiated electromagnetic emission models for microelectronic applications*, Mémoire de thèse, Université de Rouen, 2011

[27]   David M. Pozar, *Microwave Engineering*, John Wiley & sons, USA, third edition, 2005.

[28]   A. Ramanujan, Z. Riah, A. Louis, and B. Mazari, *"Modeling the electromagnetic radiations of passive microwave components using a near field scanning method,"* IEEE Trans. Electromagn. Compat., vol. 52, no. 4, pp.1056-1059, Nov. 2010.

[29]   A. Ramanujan, Z. Riah, A. Louis, *"Modeling the Time-Harmonic Electromagnetic Emissions of Microwave Circuits"*, IEEE Trans. Electromagn. Compat., vol. 54, no. 2, pp.254-261, April. 2012.

[30]   D. Marquardt, *"An algorithm for least-squares estimation of nonlinear parameters"*, SIAM J. Appl. Math. 11, pp. 431 - 441, 1963.

[31]   Sofiene Saidi, Jaleleddine Ben HadjSlama, *"Analysis and Modeling of power Mosfet Radiation"*, Progress In Electromagnetics Research M, Vol. 31,pp. 247-262, 2013.

[32]   S. Saidi, J. Ben Hadj Slama, *"A Near-Field Technique Based on PZMI, GA, and ANN: Application to Power Electronics Systems"*, accepté pour publication à IEEE Trans. Electromagn. Compat.

[33] P. Fernandez Lopez, *Modélisation du rayonnement électromagnétique des dispositifs électroniques pour des applications CEM*, Mémoire de thèse, Université de Rouen, 2011.

[34] P. Fernandez Lopez, C. Arcambal, D. Baudry, and S. Verdeyme, "*Simple electromagnetic modeling procedure: from near-field measurements to commercial electromagnetic simulation Tool*", IEEE Trans. Instrum. Meas., vol. 59, no.12, pp. 3111-3121, Dec. 2010.

[35] P. Fernandez Lopez, C. Arcambal, Y. Vives Gilabert. A. Ramanujan, D. Baudry, A. Louis, and B. Mazari, " *Development of a magnetic near-field model and insertion into a commercial electromegnetic simulator* ", Turkish Journal of Electrical Engineering and Computer Sciences, vol. 17, no. 3, pp. 289-300, Novembre 2009.

[36] Yuri Alvarez Lopéz, Fernando Las-Heras Andrés, Marcos Rodríguez Pino, Tapan K. Sarkar, "*An Improved Super-Resolution Source Reconstruction Method*", IEEE Trans. Electromagn. Compat., vol. 58, no. 11, pp.3855-3866, Nov. 2009.

[37] A. Taaghol and T. K. Sarkar, "*Near-field to near/far-field transformation for arbitrary near-field geometry, utilizing an equivalent magnetic current,*" IEEE Trans. Electromagn. Compat., vol. 38, no. 3, pp. 536–542, Aug. 1996.

[38] Z. Yu, J.A.Mix, S. Sajuyigbe,K.P.Slattery, and J.Fan, "*An improved dipole-moment model based on near-field scanning for characterizing near-field coupling and far-field radiation from an IC*", IEEE Trans. Electromagn. Compat., vol. 55, no. 1, pp.97-108, Février 2013.

[39] J. Shi, M. A. Cracraft, J. Zhang, R. E. DuBroff, K. Slattery, et M. Yamaguchi, "*Using near-field scanning to predict radiated fields*", IEEE Symp. on EMC, pp. 14-18, Santa Clara, Etats Unis, Août 2004.

[40] D. Baudry, M. Kadi, Z. Riah, C. Arcambal, Y. VivesGilabert, A. Louis, and B. Mazari, "*Plane wave spectrum theory applied to near-field measurements for electromagnetic compatibility*

investigations", IET Science, Measurement and Technology, vol. 3, no. 1, pp. 72-83, Décembre 2008.

[41] R. C. Rudduck, Chen Chin-Long," *New plane wave spectrum formulations for the near-field of circular and strip apartures*", IEEE Trans. Antenn. Propag., vol. 40, no. 3, pp. 438-449, Juillet, 1976

[42] David A. Hill, "*Plane Wave Integral Representation for Fields in Reverberation Chambers*", IEEE Trans. Electromagn. Compat., vol. 40, no. 3, pp. 209–217, Aug. 1998.

[43] Johnson J. H. Wang, "*An examination of the theory and practices of planar near-field measurement*", IEEE Trans. Antenn. Propag., vol. 36, no. 6, pp. 746-753, Juin, 1988.

[44] C. Leseigneur, *Développement d'un modèle d'immunité rayonné pour la caractérisation de dispositifs électronique*, Mémoire de thèse, Université de Rouen, 2010.

[45] R.F. Harrington, *Field Computation by Moment Method*, Macmillan, New York, 1968.

[46] R. Harrington, "*Origin and development of the method of moments for field computation*", IEEE Trans. Antenn. Propag., vol. 32, no. 3, pp. 31–35, June. 1990.

[47] W.D. Rawle, "*The Method of Moments: A Numerical Technique for Wire Antenna Design*", High Frequency Electronics, 2006.

[48] R. Khairi, A. Coatanhay et A. Khenchaf, "*Modélisation de la diffusion des ondes électromagnétiques par des vagues côtières déferlantes en utilisant la Méthode des Moments d'Ordre Élevé* ", NUMELEC. Marseille France, Juillet 2012.

[49] FEKO,   http://www.feko.info/product-detail/numerical_methods/mom

[50] S. Atrous, *Mise en place d'une méthodologie de caractérisation en immunité champ proche de dispositifs électroniques,* Mémoire de thèse, Université de Rouen, 2009.

[51] P.P. Silvesteret R.L. Ferrari, *Finite elements for electrical engineers,* Cambridge University Press, New York, 1983

[52]   H. Oudin, *Méthode des éléments finis*, document technique, 2008.

[53]   K.S. Yee, "*Numerical solution of initial boundary value problems involving Maxwell*", IEEE Transaction on Microwave Theory and Techniques, Vol. 14, pp. 302-307, 1996.

[54]   CST   MICROWAVE   STUDIO, https://www.cst.com/Products/CSTMWS

[55]   C. R. Paul, *Analysis of multiconductor transmission lines*, second edition, John Wiley and sons, 2008.

[56]   WEENS Yannick, *Modélisation des câbles d'énergie soumis aux contraintes générées par les convertisseurs électroniques de puissance*, Mémoire de thèse, Université des Sciences et Technologies de Lille.

[57]   M. Pirou, *Electricité : analyse des signaux et des circuits électriques,* support de cours, 2010.

[58]   Polyanin, A.D., *Handbook of Linear Partial Differential Equations for Engineers and Scientists*, Chapman & Hall/CRC, 2002.

[59]   C. D. Taylor, R. S. Satterwhite, and C. W. Harrison Jr., "*The response of a terminated two-wire transmission line excited by a non-uniform electromagnetic field,*" IEEE Trans. Antennas Propag., vol. 13, no. 6, pp. 987-989, Nov.1965.

[60]   A. K. Agrawal, H. J. Price, and S. H. Gurbaxani, "*Transient response of multiconductor transmission lines excited by a nonuniform electromagnetic field,*" IEEE Trans. Electromagn. Compat.,vol. 22, no. 2, pp. 119-129, May 1980.

[61]   F. Rachidi, "*Formulation of the field-to-transmission line coupling equations in terms of magnetic excitation field,*" IEEE Trans. Electromagn. Compat., vol. 35, no. 3, pp. 404-407, Aug. 1993.

[62]   F. M. Tesche, "*Development and use of the BLT equation in the time domain as applied to a coaxial cable,*" IEEE Trans. Electromagn. Compat., vol. 49, no. 1, pp. 404-407, Feb. 2007.

[63]   D. Baudry, *Conception, validation et exploitation d'un dispositif de mesure de champs électromagnétiques proches-Applications CEM-*, Mémoire de thèse, Université de Rouen, 2005.

[64]   H. Shall, Z. Riah, and M. Kadi, "*A 3D near-field modeling approach for electromagnetic prediction,*" IEEE Trans. Electromagn. Compat., vol. 56, no.1, Feb 2014.

[65]   H. Shall, Z. Riah, and M. Kadi," *A novel approach for modeling near-field coupling with PCB traces*", accepté pour publication à IEEE Trans. Electromagn. Compat

[66]   S. Serpaud and S. Leman, "*The vector near field measurement technique,*" EMC Europe 2013, Bruges, September 2013.

[67]   A. Ramanujan, H. Shall, Z. Riah, F. Lafon, and M. Kadi," *From complex near-field measurements to radiated emissions modeling of electronic equipments*", soumis à EMC Europe 2014.

[68]   L. Bouchelouk, Z. Riah, D. Baudry, M. Kadi, A. Louis, and B. Mazari, "*Characterization of electromagnetic fields close to microwave devices using electric dipoles probes,* " Inter. JRF and Microwave Computer-Aided Engineering, vol. 18, pp.146-156, Mar. 2008.

[69]   D. Baudry, C. Arcambal, A. Louis, B. Mazari, and P. Eudeline, "*Applications of the near-field techniques in EMC investigations,*" IEEE Trans. Electromagn. Compat.,vol. 49, no. 3, pp. 485-493, Aug. 2007.

[70]   National Instrument, http://www.ni.com/lwcvi/f/

[71]   H. Shall, K. Alameh, Z. Riah, A. Alaeddine, and M. Kadi,"*A tridimentional radiated emission model based on an improved near field scan technique*", Int. Conf. on Green Energy, ICGE2014, accepté pour presentation.

[72]   H. Shall, Z.Riah and M.Kadi, « *Prediction of 3D-Near Field Coupling between a Toroïdal Inductor and a Transmission line* », in Proc. IEEE Int. Symp. Electromagn. Compat., 2011, Aug. 2013, pp. 651-656.

[73]   P. E. Levy, C. Gautier, F. Costa, B. Revol, and C. Labarre, " *Accurate modeling of radiated electromagnetic field by a coil with toroidal ferromagnetic core*", IEEE Trans. Electromagn. Compat., vol. 55, no. 5, pp. 485-493,Octobre 2013.

[74]   J. Zhang, D. G. Beetner, R. Moseley, S. Herrin, and D. Pommerenke, "*Modelling electromagnetic field coupling from an ESD gun to an IC,*" in Proc. IEEE Int. Symp. Electromagn. Compat., 2011, pp. 553-558.

[75]   H. Shall, Z.Riah and M.Kadi, « *Prediction of Electromagnetic interferences between components and transmission lines* », EMC Europe 2012, Rome, Italy.

[76]   H. Shall, L.Leyssenne, Z.Riah et M.Kadi, " *Modélisation du rayonnement 3D pour une meilleure prédiction du couplage EM entre structures électroniques et lignes de transmission*", CEM 2012, France.

[77]   M. Leone, H. L. Singer, "*On the coupling of an external electromagnetic field to a printed circuit board trace*", IEEE Trans. Electromagn. Compat., vol. 41, no. 4, pp.418-424, Nov. 1999.

[78]   H. Shall, Z. Riah, and M. Kadi, "*Near-field coupling model of a non-uniform external electromagnetic field to a printed circuit board,*" in Proc. Int. Conf. Electromagn. Advanced. Appl., ICEAA Sept. 2013, pp. 1099-1102.

Printed by Books on Demand GmbH, Norderstedt / Germany